Heiner Henninges · Video Praxis · Panasonic Camcorder

Heiner Henninges

VIDEO PRAXIS

Panasonic Camcorder

Laterna magica

Die in diesem Buch gegebenen Informationen und Ratschläge beruhen auf gründlicher Recherche. Doch nicht jede Information kann nachgeprüft werden. Verlag und Autor übernehmen für die Richtigkeit der Angaben in diesem Buch und sich etwa daraus ergebende Folgen keine Gewährleistung.
Dieses Buch wurde vom Hersteller der Camcorder weder in Auftrag gegeben noch gesponsert, noch hat der Autor bei der Anfertigung des Manuskripts irgendwelche Anweisungen oder Forderungen des Herstellers erhalten bzw. befolgt.

Fotos: Heiner Henninges, die Produktaufnahmen wurden freundlicherweise von den Herstellern zur Verfügung gestellt.
Gestaltung und Produktion: Grafik & Design, Wolfgang During,
Produktionsleitung: Günther Herdin, München
Offsetreproduktionen: e + r Repro, Donauwörth
Druck: Bosch Druck, Landshut
ISBN 3-87467-455-X
Printed in Germany

Inhalt

Vorwort ... **8**

Die Panasonic-Camcorder-Familie ... **11**

Die Systeme ... **19**
VHS / VHS-C ... 20
Super VHS / Super VHS-C ... 22

Die Kassetten ... **23**

Was ist was am Camcorder? ... **24**
Der Sucher ... 24
Das Objektiv ... 25
Der Autofokus ... 26
Der Bildsensor ... 27
Die Belichtungssteuerung ... 28
Der Videokopf ... 30
Das Laufwerk ... 31
Das Mikrofon ... 33

Aufnahmepraxis
Aus der Hand oder vom Stativ ... **35**
Eine kleine Stütze ... 35
Schulterstativ ... 36
Einbeinstative ... 38
Dreibeinige Videostative ... 39
Der Stativkopf ... 40
Stative für Kamerafahrten ... 41
Reprostative und Aufnahmetische ... 42

Der erste Schritt nach Hollywood
Von der Idee zum Drehbuch **43**
Ideen ohne Ende 43
Treibstoff für Filmideen 46
Handwerk statt Kunst 46

Die Produktionsplanung **49**
Drehort 49
Die Schauspieler 49
Die Requisite 50
Die Beleuchtung 59
Die Maske 60

Die Produktion **61**
Die Anschlüsse 61
Die Übergänge 61
Der Achsensprung 62
Der Zoom 62
Der Schwenk 63
Die Kamerafahrt 63
Die Totale 64
Die Halbtotale 64
Die Großaufnahme 65
Außenaufnahmen 65
Innenaufnahmen 66

Licht und Kontrast **67**
Ausleuchtung bei Innenaufnahmen 68
Die Videoleuchte 70
Grundausleuchtung 72
Halogen-Lampen 74
Breitstrahler 75
Zum Akku 76
Licht und Farbtemperatur 79

Schneiden und Nachbearbeiten **81**
Ein Thema – eine Kassette! 83
Wie geht das Schneiden vor sich? 84

Kein Problem – der Assemble-Schnitt 86
Eingebaute Schnitteinrichtungen 88
Kaufüberlegungen 89
Genauigkeit ist alles 91
Verbesserung durch Zeitcode 91
Tricks für Zwischenschnitte und Titel 94

Fotos und Filme auf Video 97

Gute Verbindungen 99
Buchsen, Stecker und Adapter 99
Der kleine Unterschied 101
Überspielungen – kein Problem 103

Das gehört zum Guten Ton 107
Stiefkind: Ton 108
Das Mikrofon 109
Video und Ton nicht synchron 114

Tips, Tricks und Pannenhilfe 119
Mit dem Camcorder sehen lernen 130

Konverter: Durch Vorsätze die Brennweite verändern 131

Nahlinsen für alle Brennweiten 135

Mit dem Camcorder auf Reisen 137
Versichert oder verunsichert? 137
Gut gerüstet 138
Andere Länder, andere Normen 139
Noch ein paar Tips 139

Wartung und Pflege 140
Hitze und Feuchtigkeit 140
Gut behütet 141

Lexikon der Fachausdrücke 142

Vorwort

Videofilmen hat sich in den letzten Jahren zu einer der beliebtesten Freizeitbeschäftigungen entwickelt. Mit Einführung der handlichen Camcorder, also der Video-Kameras mit integrierter Aufnahmeeinheit, begann eine neue Ära für Hobbyfilmer. Die einfache, synchrone Aufnahme von Bild und Ton mit den immer kleiner werdenden, immer einfacher zu handhabenden Camcordern und die sofortige Wiedergabe-Möglichkeit gab der Freizeitfilmerei eine völlig neue Dimension. Doch trotz modernster Technologien, raffinierter Automatiksteuerungen und einfachster Handhabung gibt es einige grundsätzliche Dinge beim Videografieren zu beachten, um vielleicht spätere Enttäuschungen zu vermeiden. Dieses Buch wendet sich sowohl an Leser, die bereits einen Camcorder besitzen und Informationen suchen, um ihre Videofilme noch besser zu gestalten, als auch an jene, die sich vor dem Kauf eines Camcorders grundsätzlich über die Möglichkeiten von Video informieren möchten.Namhafte Fachautoren wie Bernhard Kämmer, Peter Kaiser und Edmund Bugdoll haben an diesem Buch mitgearbeitet und ihre Erfahrungen und ihr technisches Wissen zum Thema Video mit einfließen lassen. Das gemeinsame Ziel aller Autoren war es, praxisbezogen die wichtigsten Grundregeln des Videofilmens aufzuzeigen und zu erläutern. Dabei wurde bewußt darauf verzichtet, trockene, technische Details zu analysieren und zu beschreiben – das ist in jeder Bedienungsanleitung besser gelöst. Vielmehr soll in diesem Buch für jedermann klar und verständlich die Bedeutung technischer Ausstattungsmerkmale für die Praxis des Videofilmens geschildert werden. Im ersten Teil widmet sich das Buch den einzelnen Camcordern der Sony (Canon, Panasonic, JVC) Familie. Es wird ein Überblick ihrer spezifischen Merkmale, Besonderheiten und Fähigkeiten sowie deren Auswirkung auf die Aufnahmepraxis gegeben. Im daran anschließenden Teil werden Probleme der Aufnahmepraxis und Lösungsmöglichkeiten geschildert. Das Spektrum reicht von der

„Trotz raffinierter Automatiksteuerungen gibt es einige grundsätzliche Dinge beim Videografiern zu beachten"

richtigen Camcorderhaltung bis hin zur Produktionsplanung. Behandelt wird die Erstellung von Drehbüchern oder Storyboards, die Aufnahme-Vorbereitung und -Durchführung. Es werden Tips gegeben für Szenenfolgen, Kameraeinstellungen, Beleuchtung und Regie.

Den Ratschlägen und Hilfestellungen für die eigentliche Aufnahme folgen Hinweise für die Nachbearbeitung von Bild und Ton, also für die nachträgliche Ordnung der aufgenommenen Szenen zu einem sehenswerten Video. Das einfache, elektronische Aneinanderschneiden wird ebenso beschrieben wie die raffinierten Schnitttechniken mit modernen Schnittsteuergeräten und Videoprozessoren.

Ein wesentliches Problem des Videofilmens sind Buchsen, Stecker und Adapter. Wie so oft im Leben, kommt es auch hier auf die richtigen Verbindungen an. Was wie wozu paßt und wie Sie sich beste Verbindungen schaffen, wird ebenfalls ausführlich behandelt. Ein weiteres Kapitel befaßt sich mit der Pannenhilfe. Hier werden die häufigsten Probleme beschrieben und Hinweise gegeben, wie sie zu vermeiden bzw. zu beheben sind. Camcorder sind beliebte Reisebegleiter geworden. Doch andere Länder haben nicht nur andere Sitten, sondern vor allem auch andere Fernsehnormen. Was Sie wo mit ihrem Camcorder anschauen oder überspielen können, erfahren sie ebenfalls in diesem Buch, dessen Abschluß ein ausführliches Lexikon der Fachausdrücke bildet.

Trotz des umfangreichen, technischen Grundwissens zum Thema Camcorder, das dieses Buch vermitteln möchte, ist es das erklärte Ziel der Autoren, durch ihre Informationen und Hinweise dem Leser zu besseren Videoaufnahmen zu verhelfen und so die Freude an diesem Hobby zu vermehren.

Ich wünsche Ihnen bereits beim Lesen dieses Buches viel Spaß und hoffe, daß es Ihnen, lieber Leser, ein wertvoller Ratgeber sein wird und Ihnen hilft, möglichst viele, eindrucksvolle Videofilme zu machen. Wenn es Sie nur dazu verleitet, den einen oder anderen Hinweis einmal in der Praxis auszuprobieren, hat dieses Buch seinen Zweck erreicht. Denn wie wahr oder hilfreich die hier gesammelten Ratschläge sein mögen, auch für das Videografieren gilt: Probieren geht über studieren.

Ihr Heiner Henninges

Barth

Die Panasonic-Camcorder-Familie

„Durch unsere industriellen Aktivitäten wollen wir den Fortschritt fördern, zum allgemeinen Wohl der Gesellschaft beitragen und uns der weiteren Entwicklung der Weltkultur widmen". Dieses edle Gründungsmotto von Panasonic findet seinen Niederschlag in mittlerweile über 10 000 Produkten, die von der japanischen Muttergesellschaft Matsushita hergestellt werden. Mit dabei natürlich Videorekorder und Camcorder, alle im Weltsystem VHS bzw. VHS-C.

Dieses Verfahren zur Bildaufzeichnung wurde Ende der siebziger Jahre von dem Japaner Yuma Shiraichi bei der Firma JVC erfunden und zur Marktreife gebracht. Durch großzügige Lizenzvergabe an andere Hersteller konnte VHS dadurch schnell eine weite Verbreitung finden und kann heute zu Recht als Träger der weltweiten Videokommunikation bezeichnet werden: 87 Prozent der über 220 Millionen Videogeräte in der Welt arbeiten heute in diesem Format.

Panasonic hat für die unterschiedlichen Kassettenformate VHS und VHS-C einen Heimrekorder entwickelt, der sowohl die großen als auch die kleinen Kassetten ohne Adapter akzeptiert.

Vorteil dabei: Der Austausch der Kassetten. Wenngleich die Unverträglichkeit der einzelnen Ländernormen NTSC (USA, Japan), SECAM (Frankreich und Teile in Osteuropa) und PAL (Deutschland, Italien, Spanien u.a.) weiterbesteht und nur mit speziellen Mehrnormen-Rekordern aufgehoben werden kann. Nur sie ermöglichen dann Informationen und visuelle Grüße in die ganze Welt.

Interessant ist, daß Panasonic für die unterschiedlichen Kassettenformate „Normal" (= VHS) und „Kompakt" (= VHS-C) einen Heimvideorekorder entwickelt hat, dessen Lademechanismus sowohl das Voll- als auch das kleinere Kompaktformat akzeptiert – und zwar ohne den sonst notwendigen Adapter. Dieser wird fällig, wenn eine VHS-C-Kassette in einem VHS-Heimrekorder abgespielt werden soll, denn dann muß das Videoband auf die VHS-Kassettengröße justiert werden. Integrierte Adapter schaffen das viel praktischer im Rekorder und diktieren gleichzeitig der Mechanik eine Umstellung auf die unterschiedlichen

Banddicken bei den Videofilmer-Kassetten VHS-C, wie sie bei Verwendung von 30 oder 45 Minuten laufenden Spielzeiten in der Super VHS-C-Spezifikation auftreten.

Wie schon beim Video 8-System wurden auch bei VHS und VHS-C Gewicht und Größe der Camcorder durch konsequente Nutzung neuer Materialien und modernster Elektronik weiter verringert. Neue mechanische und elektronische Komponenten ließen das Chassis mehr und mehr schrumpfen, und die Geräte wurden immer kompakter und einfacher zu bedienen. Und plötzlich konnte neben dem ergonomischen Aspekt auch das Design ins Rampenlicht rutschen: Der Panasonic-Camcorder S 1 ist Ausdruck dieser erfreulichen Entwicklung, die eine modische Optik nun auch in den Bereich der Elektronik einführt.

Superkompakt, doch vollgestopft mit modernster Technik: Der superkompakte Panasonic NV-S1.

Doch auch die anderen Modelle bestechen durch ein kompaktes Design, eine handliche Ausstattung sowie eine hervorragende Qualität. Die große Zahl der Nutzungsmöglichkeiten und die Umsetzung neuester Technologien waren Forderungen, die sich die Entwickler bei der Konstruktion der Zukunftsprodukte ge-

Sechsfach-Zoom und High-Speed-Shutter.

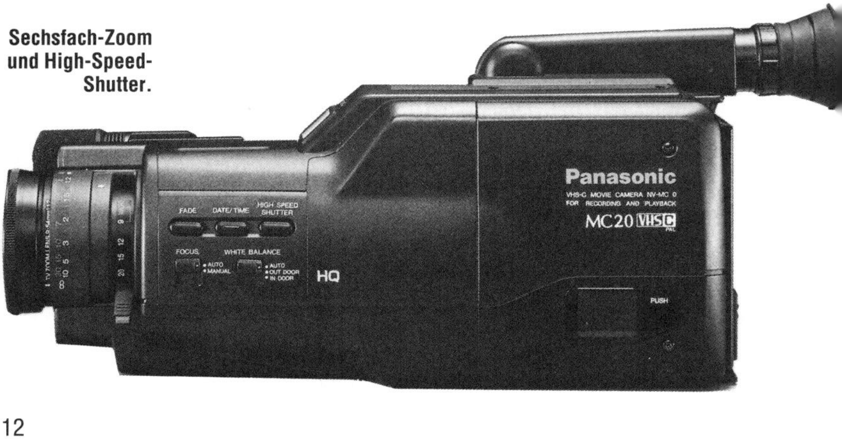

stellt hatten. Zugleich zeigt Panasonic mit seinen Camcordern, daß VHS nicht nur die Videonorm der Gegenwart, sondern auch die der Zukunft ist.

Und die Ergebnisse sind beeindruckend. Da sind zunächst die beiden Grundmodelle MC 20 (in VHS-C) und NV-M 7 (in VHS), die ohne verwirrende Technik den Einstieg in die Videofaszination ermöglichen. Beide besitzen einen Autofocus für das schnelle Scharfstellen, einen rotierenden Löschkopf für sauberes Aneinandersetzen der einzelnen Szenen, einen High Speed Shutter ($\frac{1}{500}$ und $\frac{1}{1000}$ Sekunde) für die Aufnahme schnell bewegter Ob-

jekte, einen 6fach Motor-Zoom mit Macro und einen hochwertigen 1/2-Zoll-CCD-Chip mit 320 000 Pixeln. Diese idealen Modelle für Einsteiger sorgen mit ihren sauberen Kanten, ihrer hohen Exaktheit hinsichtlich Schärfe und Kontrast für einen in dieser Preisklasse hervorragenden Bildeindruck. Nicht vergessen werden soll auch die Möglichkeit des Vollformaters M 7, mit Hilfe eines anschließbaren Titelgenerators (z.B. des VW-CG 2 E) pfiffige Titelschriften zu erstellen oder durch eine Audio-Dub-Taste

Für das VHS-Format wurde der Panasonic NV-M7 Camcorder mit Titelgenerator und Audio-Dubbing Taste entwickelt.

Zur Einblendung von individuell gestalteten Titelschriften dient der direkt am Camcorder anzuschließende Panasonic M7-Titelgenerator.

Ein Mikrofon, das seine Charakteristik der Brennweiteneinstellung anpaßt, besitzt der VHS-Camcorder NV-M10.

kreative Nachvertonungen zu produzieren. Den Eintritt in die gehobene Gesellschaft deutet der VHS-Camcorder NV-M 10 an. Seine Tonvarianten sind einfach Spitze, denn neben dem Normal-Ton besitzt er HiFi-Stereo! Beide lassen sich über einen Mix-Schalter miteinander mischen. High Speed Shutter ($\frac{1}{500}$ und $\frac{1}{1000}$ Sekunde) sowie Autofocus sind selbstverständlich, ebenso wie der hochwertige 1/2-Zoll-CCD-Chip mit 320 000 Pixeln, Audio-Dubbing, ein rotierender Löschkopf (der hier sogar einen Insert-Schnitt ermöglicht) und Anschlüsse für Titelgenerator und Synchronstart für Überspielungen. Schön, daß die Techniker auch bei dem Dreh- und Angelpunkt des Tons, dem Mikrofon,

mitgedacht haben: Es verändert je nach Stellung des Zoombereichs seine Empfindlichkeit und liefert somit eine realistische Tonkulisse. Und der Edit-Anschluß sorgt im wahrsten Sinne des Wortes für den Anschluß an eine professionelle Nachbearbeitung durch den Schnitt mit Hilfe des Steuergerätes VW-EC 300. Last not least sei der formidable 8fach-Zoom genannt, der weit entferntes nah heranholt (zwei Geschwindigkeiten wählbar) und mit dem Macro spannende Großaufnahmen erlaubt. Dabei ist die Irisblende sogar verstellbar.

Die Oberklasse wird angeführt durch das verbesserte Aufnahme- und Wiedergabeverfahren Super VHS bzw. Super VHS-C. Das System verbessert die Kantenschärfe und das störende Helligkeits-/Farbsignal-Übersprechen (Cross Colour), wie es durch

regenbogenfarbige Störungen von feinen Linien und Mustern, beispielsweise bei den Streifen von Krawatten, auftritt. Der S-VHS-C-Camcorder MS 70 führt hier die Riege an: Mit nur 1000 Gramm ist er ein echtes Leichtgewicht, hat aber trotzdem solche Features wie HiFi-Ton und Superimpose (für das Einblenden von Titeln in zwölf Varianten und acht Farben) dabei, ist ausgestattet mit Autofocus, High Speed Shutter ($^1/_{250}$, $^1/_{500}$ und $^1/_{1000}$ Sekunde), besitzt ein 6fach Motor-Zoom mit zwei wählbaren Geschwindigkeiten und bietet dank einer Longplay-Schaltung die Verlängerung der Spielzeit auf 90 Minuten. Und das – Super VHS-C sei's gedankt – ohne Qualitätsverlust. Klar dabei: Insert-Schnitt und Audio-Dubbing, Titelgenerator-Anschluß, verstellbare Irisblende sowie ein Schnittsteuer-Anschluß. Apropos Schneiden: Mittels

Nur gerade 1000 Gramm wiegt der S-VHS-C Camcorder MS70 von Panasonic mit HiFi-Ton, Superimpose, High-Speed-Shutter, 6-fach-Zoom und Longplay-Schaltung.

Das Einblenden von Titeln in zwölf Varianten und acht Farben ist eine Spezialität des Panasonic MS 70.

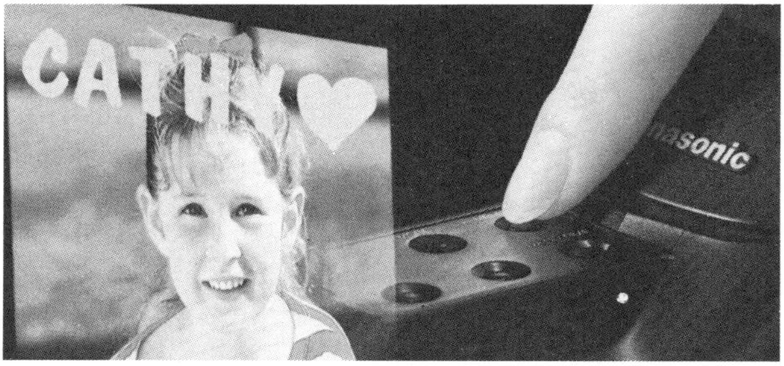

eines sogenannten VITC-Generators (als Sonderzubehör lieferbar) lassen sich Einzelbilder während der Aufnahme unsichtbar numerieren und damit für den späteren Schnitt zuordnen. VITC steht übrigens für „Vertical Interval Time Code“ und stellt die Möglichkeit dar, während der Aufnahme Zeitinformationen in die Austastlücke des Videosignals schreiben zu können. Ein ebenfalls externes Schnittpult (VW-EC 10) kann diese Informationen auslesen und erlaubt somit problemlos die präzise Neuzuordnung von Bildszenen.

Toll ist auch das schnell arbeitende KI-Autofocus System mit einem 3-stufig wählbaren Bildausschnitt, bei dem eine künstli-

Die absolute Luxusklasse: Der Panasonic MS-1-(Super VHS) Camcorder. Das Topmodell besitzt einen 1/2-Zoll-CCD-Chip, der für eine Auflösung von 420 horizontalen Linien sorgt.

che Intelligenz vollkommen automatisch von „Unendlich" bis in den Macrobereich die Schärfe nachzieht. 420 000 Pixel auf einem 1/2-Zoll CCD-Chip sorgen dann dafür, daß auch auf dem Bild hinterher alles scharf bleibt.

Ein 8fach Motor-Zoom mit zwei Geschwindigkeiten, Macro-Einstellung und Tele-Effekt, der auf Knopfdruck das Bild zweifach vergrößert besitzt der MS-90.

Die Luxusklasse kündigt sich mit zwei Top-Modellen an: Dem MS 1- (Super VHS) und dem MS 90- (Super VHS-C) Camcorder. Sie bieten alles, was das Videofilmerherz verlangt und sogar noch mehr. So sorgt der 1/2-Zoll-420 000-Pixel-CCD-Chip beim Vollformatmodell MS 1 für eine Auflösung von 420 Linien horizontal. Das sind mehr als der Fernsehsender mit 330 Linien zu Hause darstellen kann! Daneben realisieren amorphe Videoköpfe aus der Profitechnik eine Bildwiedergabe von überlegener Schärfe und Brillanz. Beim kleineren Bruder MS 90 sorgt ein spezieller FIT-Sensor-Chip mit Frame-Interline-Transfer für streifenfreie Aufzeichnungen bei kleinen Lichtpunkten. So werden störende senkrechte Linien bei kleinen punktförmigen Lichtern, wie Kerzen, vermieden. Professionell sind auch die Aufnahme- und Schnittfunktionen: Beim MS 1 können automatisch oder manuell sogenannte VHS-Index-Signale gesetzt werden, um bestimmte Bandstellen schnell zu finden. Einen Schritt weiter geht der Alleskönner MS 90: Über einen Adapter lassen sich VITC-Codes unsichtbar aufzeichnen und für den perfekten Schnitt weiterverwenden. Unterschiede aber auch sonst: Der MS 1 hat komfortablen 10fach-Zoom mit Macro, der kleine MS 90 immerhin 8fachen Motorzoom mit zwei wählbaren Geschwindigkeiten plus Macro und einen raffinierten Teleeffekt, der auf Knopfdruck das Bild zweifach vergrößert. Selbstverständlich ist

Nur 780 Gramm wiegt der NV-S1 mit dem neuartigen Bildstabilisator für verwacklungsfreie Aufnahmen und dem Zweifach-Mikrofon-System.

bei beiden Modellen der Titelgenerator-Anschluß, der perfekte Assemble- und Insert-Schnitt durch rotierende Löschköpfe, die verstellbare Irisblende, der High Speed Shutter mit diversen Verschlußgeschwindigkeiten (beim MS 90 sogar mit $\frac{1}{2000}$ Sekunde), Audio Dubbing und Mikrofon-Empfindlichkeits-Umschaltung für besseren Ton. Fein übrigens, daß der MS 90 diesen sogar in HiFi-Stereo einfängt. Und noch ein Bonbon – ganz nach dem Motto „klein aber fein": Ein großflächiges Display informiert beim MS 90 über alle wichtigen Betriebszustände und aktuellen Aufnahme-Daten. Da kann wirklich gar nichts mehr schiefgehen.

Den Abschluß der Modellreihe bildet der NV-S1 mit dem revolutionär neuen Anti-Verwacklungssystem „Image Stabilizer". Diese digitale Bildstabilisierung macht Schluß mit verwackelten Bildern. Und das funktioniert so: Das vom CCD-Chip aufgenommene Bild wird digitalisiert und auf Verwacklungen geprüft. Falls vorhanden, werden die gespeicherten Halbbilder des Motivs automatisch verschoben und der so erhaltene neue Bildausschnitt elektronisch auf das volle Bildschirmformat vergrößert, um die unerwünschte Bewegung des Bildes zu verhindern. Das Resultat sind weitgehend stabile Aufnahmen. Doch auch sonst kann sich der 780 Gramm-Winzling hinsichtlich großer Technik sehen lassen: High Speed Shutter ($\frac{1}{120}$, $\frac{1}{250}$, $\frac{1}{500}$, $\frac{1}{1000}$, $\frac{1}{2000}$ und $\frac{1}{4000}$ Sekunde), Super-Impose mit 4 Einblendarten und 8 Farben, Schnappschuß, Standbild und Stroboskop-Effekt sind ebenso selbstverständlich wie hochwertige amorphe Videoköpfe, die selbst im Longplaybetrieb eine gute Bildqualität sichern. Ein Zweifach-Mikrofonsystem mit Kugelkopfcharakteristik plus Richtwirkung sorgt für klare Tonaufnahmen in fast allen Situationen. Durch Reduzieren der Größe des CCD-Bildwandlers auf 1/3-Zoll ist es gelungen, das Kamerateil erstaunlich klein zu halten. So passt er – in schwarz oder silber – in jede Hand und ist immer dabei.

Die Systeme

Technik ist faszinierend. Ein Aha-Erlebnis ist jedem sicher, der sie begreift. Dann läßt sie sich den Dienst der Kreativität stellen. Bei Video steht am Anfang die Frage nach dem verwendeten System oder Format, die schon die Geburtswehen des Mediums begleitet hat. Denn es waren konkurrierende Firmen, die Ende der siebziger Jahre die Magnetaufzeichnung von Fernsehbildern dem privaten Verbraucher dienstbar machten. So entstanden Systeme mit unterschiedlichen Kassettengrößen, Laufzeiten und Aufzeichnungsverfahren, die nicht miteinander kompatibel sind: VHS, Beta (mittlerweile vom Markt fast verschwunden), Video 2000 (wird nicht mehr hergestellt) und 1985 als letztes Video 8 (als Videofilmer-Format).

„Erst die miniaturisierte Videokassette ermöglichte den Bau kompakter Camcorder"

Trotz allem Wirrwar schlug hier eine große Stunde, denn zum erstenmal konnte man Videoaufzeichnungen zu akzeptablen Preisen selbst vornehmen. Die ganze Sache hatte nur einen Haken: Die Kameras und die damals noch getrennt davon laufenden Rekorder waren sehr sperrig und schwer. Nicht selten wurden ihre Akteure von den mit handlichen Super-8-Kameras operierenden Filmkollegen belächelt und bemitleidet.

Doch der überfälligen Miniaturisierung stand ein großes Handicap entgegen: Die relativ großvolumigen VHS-, Beta-oder Video 2000-Kassetten, die durch ihre auf Fernsehaufzeichnungen getrimmten Bandlängen und Spielzeiten kein kompaktes Mechanikgehäuse zuließen. Da jedoch für das Videofilmen luxuriöse Bandlängen nicht erforderlichen waren – hier genügen durchaus Aufnahmezeiten von einer halben Stunde bis zum Kassettenwechsel –, machten sich findige Techniker daran, abgespeckte Versionen der handelsüblichen Kassetten zu konstruieren. Das Ergebnis: Sogenannte „Babykassetten" bei VHS und Video 2000, wobei letztere nie in den Markt gelangten. Dafür setzten sich erstere, genau wie das heutige Weltsystem, durch: VHS-C ist der Name für die abgemagerte VHS-Kassette, mit 45 Minuten Aufnahmedauer (bei S-VHS) und per Adapter in jedem Heimrekorder abspielbar. Mit den geringeren Abmessungen, die durch die Reduzierung des Bandvorrats erreicht wurde, wurde das Rekorderlaufwerk entscheidend verkleinert, um Gewicht zu sparen.

Eine zweite Entwicklung zur Kassetten-Miniaturisierung startete unter dem Namen „Video 8" und stellte ein komplett neues Aufzeichnungsverfahren dar, das nicht zu VHS oder Beta kompatibel war. Der Name wurde aus zwei Gründen gewählt: erstens, weil Video 8 die Breite des Videobandes betraf, und zweitens, weil man den „alten" Schmalfilmern mit dem Gleichklang zu ihrem Super-8-Filmhobby den Umstieg auf Video schmackhaft machen wollte.

Bei Beta gab es keinen Miniaturisierungsversuch der Kassette. Das hatte zwei Gründe: erstens, war sie ohnehin relativ kompakt, kleiner als bei VHS – und damit für den Bau von Camcordern geeignet – und zweitens hatte das Format von Beginn an Startschwierigkeiten. Der Videofilmer-Markt stand ja zahlenmäßig erst in den Kinderschuhen. Trotzdem: Wer Japaner kennt, weiß, daß sie nichts unversucht lassen. So konnte auch Beta einen Camcorder („Betamovie") vorweisen. Doch es half alles nichts – Mitte der achtziger Jahre war der Beta-Stern verglüht, VHS stand als Sieger im Systemkampf fest.

Ein weiterer Siegeszug kündigte sich an: Durch eine entscheidende Miniaturisierung im Kamerabereich, bei der ein neuer moderner Bildwandlerchip die bisherige voluminöse Aufzeichnungsröhre ersetzte, war jetzt die Möglichkeit gegeben, Kamera und Rekorder in ein Gehäuse zu integrieren. Das war der Durchbruch: Dank der nun möglichen superkompakten Camcorder war Videofilmen kein Muskelspiel mehr und konnte problemlos Eingang in den Spaß selbst aufgenommener Filme finden.

VHS

Ein Meilenstein auf dem Weg ins Videozeitalter ist das von der japanischen Firma JVC entwickelte Video Home System, kurz VHS genannt. 1978 erschienen die ersten Heimrekorder zur Aufzeichnung von Fernsehsendungen, ab 1986 wurden Camcorder gebaut, die die etwa taschenbuchgroße Kassette mit dem 1/2-Zoll breiten Videoband enthielten. Durch die relativ große Abmessung der Kassette sind diese Camcorder voluminöser und mit der dazugehörigen Mechanik des Laufwerks schwerer als Vi-

deo 8- oder VHS-C-Geräte, liegen aber satt auf der Schulter und reduzieren Verwacklungen. Ein Vorteil ist auch, daß sie ohne Adapterkassette (wie bei VHS-C) oder Verkabelungen mit dem Monitor oder Fernsehgerät (wie bei Video 8) einfach durch Einschieben in einen Heimvideorekorder (im VHS-System) abgespielt werden können. Überlegen ist auch die Spielzeit, vorausgesetzt, der Akku macht nicht vorher schlapp: Bis zu vier Stunden bei Normal-VHS und 3 Stunden bei Super VHS! Das sind Aufnahmezeiten, mit denen man z. B. „Dokumentationen“ meistert. Etwa 250 Linien Auflösung besitzt dieses System, und das heißt im Klartext, daß VHS in der Lage ist, gerade noch 250 vertikal nebeneinander stehende Linien aufzulösen, bzw. als getrennt voneinander erkennbare Linien wiederzugeben. In Deutschland ist die Auswahl an Geräten gering. Die Vorliebe gehört eindeutig leichten Kompaktausführungen, wie sie VHS-C und Video 8 darstellen. Nicht jedoch in den USA: Dort liebt man markante Aufnahmeeinheiten, wie es VHS-Camcorder sind.

Panasonic entwickelte Heimrekorder, die sowohl normale VHS- als auch die kompakten VHS-C-Kassetten ohne Adapter abspielen können.

Super VHS / Super VHS-C

Nomen est omen – der Name sagt's: Diese Verbesserung des VHS-Systems macht das Verfahren ‚super' und beseitigt seine Geburtsfehler. Zunächst einmal ist Super VHS und Super VHS-C kein völlig neues System, sondern baut auf den Standards des alten auf und ist mit Normal VHS kompatibel. Das heißt, ein S-VHS-Rekorder kann immer auch als VHS-Gerät betrieben werden, und herkömmliche VHS-Kassetten können auf S-VHS-Rekordern wiedergegeben werden.

Umgekehrt funktioniert dies jedoch nicht: Aufgrund des leicht veränderten Signalaufzeichnungsprinzips bei S-VHS bleibt hier der Bildschirm schwarz. Doch was ist nun wirklich gegenüber VHS anders geworden? Der Hauptunterschied ist, daß elektronische Informationen für die Helligkeit (=Luminanz) und die Farbe (=Chrominanz) bei Aufnahme und Wiedergabe getrennt verarbeitet werden. Damit eliminiert man das störende Übersprechen dieser beiden Signale, Details feiner Muster oder kleiner Buchstaben werden klarer und besser sichtbar, Farbabstufungen und feine Schattierungen exakter wiedergegeben.

Durch die Trennung der vormals sich überschneidenden Signale verbreiterte und erhöhte sich jedoch auch der Frequenzbereich, der jetzt aber nur noch mit neuen Videokopfmaterialien und Bändern zu speichern war. Die Entwicklung sogenannter amorpher Videoköpfe, deren Produktion außerordentlich aufwendig und kompliziert ist, sowie die Herstellung von Bändern mit extrem dünnen Magnet-Partikeln, die in einem hochpräzisen Beschichtungsverfahren auf eine ultrafeine Trägerfolie geklebt werden, lösten schließlich auch dieses Problem.

Und das Ergebnis kann sich im wahrsten Sinne des Wortes sehen lassen: Eigenaufnahmen mit einem S-VHS- oder S-VHS-C-Camcorder nutzen die hohe Auflösung des neuen Verfahrens voll aus und liefern eine Bildqualität, wie sie bisher mit VHS nicht möglich war. Freude kommt auch beim Schneiden durch das Kopieren von S-VHS-Aufnahmen auf, denn diese zeigen weit weniger Qualitätsminderung als bei VHS üblich, vor allem, wenn von einem S-VHS.- bzw. S-VHS-C-Camcorder auf ein S-VHS-Heimgerät kopiert und dort geschnitten wird. So macht Videofilmen Spaß. Die Zeit fauler Kompromisse ist vorbei. Nun können auch Ihre Aufnahmen neben den der Fernsehsender bestehen.

Die Kassetten

Der Stoff, aus dem die Videoträume sind, besteht aus einem schwarzen Pulver, das so geheimnisvoll gemischt wird, als diente es einer okkulten Handlung. Auf eine hauchdünne Folie geklebt, weniger als ein tausendstel Millimeter dick und in ein stabiles Gehäuse gepackt, sorgt es für die Speicherung unserer Gefühle und Gedanken, Geschichten und Erlebnisse.

Die Rede ist vom Videoband, das Angelpunkt einer jeden Videoaufzeichnung ist, denn auf ihm werden die optischen Informationen, die zuvor der CCD-Bildwandler in elektronische Signale verwandelt hat, als magnetische Impulse gespeichert. Schon kleinste Unebenheiten, Staub oder Beschichtungslücken würden so unweigerlich die zuvor geleistete Arbeit zunichte machen.

Super-Bildqualität verlangt auch Superqualität beim Bandmaterial. Spätestens beim Schnitt werden Unterschiede deutlich.

Qualitätsunterschiede machen sich spätestens beim Kopieren und Schneiden bemerkbar. Schon ein paar Mark sind entscheidend für die Bildqualität. Wer hier spart, tut es am falschen Ort.

Und last but not least gilt: Ohne das spezielle Bandmaterial sind die neuen Super VHS- und Super VHS-C-Camcorder nur Mittelmaß! Der große Qualitätsvorsprung dieses Systems kommt u.a. vom neuen Bandmaterial mit superfeinen Magnetpartikeln. Neue Beschichtungsverfahren und hochdichte Bindemittel sorgen für extreme Maßtreue der Beschichtung und für gleichmäßige Ausrichtung der Partikel. Die Aufnahmepräzision erhöht sich.

Super VHS-Camcorder erkennen diese Kassetten an speziellen Codierungen und schalten so automatisch auf S-VHS- bzw. S-VHS-C-Betrieb um. Null Probleme also für Anfänger und Sicherheit für die alten Hasen.

Was ist was am Camcorder?

Zugegeben: Für viele ist es kaum zu verstehen, welch geballte Ladung Elektronik in so einem Camcorder steckt. Ganz zu schweigen von den vielen Knöpfen und den Neuerungen. Vor allem letztere kommen ständig im Sauseschritt daher, so daß man als Verbraucher kaum Zeit hat, sie richtig zu begreifen. Doch nur die Kenntnis all dieser Dinge ermöglicht es dem Videofilmer, die vielen kreativen Möglichkeiten, die in so einem Wunderwerk stecken, voll auszuschöpfen.

Aus wievielen Komponenten sich das hochmoderne Innenleben eines Panasonic Camcorders zusammensetzt läßt diese Schnittzeichnung erahnen.

Die wichtigste Frage heißt also: Wie funktioniert das alles? Und natürlich: Mit welchen Features realisiere ich was? Die folgenden Stichworte machen Schluß mit dem Rätselraten und helfen, die Camcorder-Technik den eigenen Wünschen unterzuordnen. Das Motto also lautet: Mit der Technik auf du und du.

Der Sucher

Camcorder-Sucher mit ihren Minibildröhren haben eine wichtige Aufgabe: Sie sollen die aufzunehmende Wirklichkeit kontrollieren. Und zwar hinsichtlich Schärfe, Bildausschnitt und Helligkeit. Doch das ist längst noch nicht alles, denn durch die Sofort-Wiedergabe-Möglichkeit des Camcorders läßt sich mit ihm auch gleich die Aufnahme kontrollieren und gegebenenfalls wiederholen. Allerdings aus Volumen- und Gewichtsgründen nur in Schwarz-Weiß. Ob es also ein Camcorder mit der Wahrheit nicht etwas zu bunt treibt, bleibt separaten farbigen Kontrollmonitoren oder schließlich dem Fernsehschirm vorbehalten.

Clevere Panasonic-Konstrukteure haben nun neben diesen Kontrollfunktionen noch eine ganze Menge anderer Dinge in die kleinen Winzlinge hineingepackt. Da finden sich zum Beispiel Angaben über das Datum, die Uhrzeit, die Aufnahmedauer oder den getexteten Filmtitel, die eingestellte High Speed-Verschlußzeit für Sportaufnahmen, den Status des Weißabgleichs, die einzelnen Betriebsarten, die verwendete Spielzeit LP oder SP (Longplay oder Standartplay) und die Aufnahmeart VHS oder S-VHS.

Wichtig beim Autofocus ist die Angabe für die Automatik, welche Bildteile scharf gehören. Panasonic's zweistufiges Focussierzonensystem ermöglicht die Vorwahl der optimalen Focussierzone durch eine Rahmeneinblendung im Sucher. So läßt sich einfach durch Knopfdruck der Bereich wählen – entsprechend der Größe und Bewegung des Hauptgegenstandes im Bild.

Wichtig für Videofilmer, deren Sucher nicht plötzlich schwarz bleiben sollen, sind Angaben über den Zustand des Akkus. Bei Panasonic-Camcordern ist das ebenso selbstverständlich wie die Warnung vor dem Bandende und drohender Feuchtigkeit (bei ihr könnte das Band an der schnell rotierenden Kopftrommel verkleben und sich und die Videoköpfe beschädigen).

Die Informationspolitik des Suchers wird abgerundet durch eine Zählwerksanzeige mit zwei Betriebsarten: Ein elektronisches Bandzählwerk mit Memory-Funktion und eine Bandlaufzeitanzeige in Minuten und Sekunden. Durch Überwachung der abgelaufenen Aufnahmezeit im Sucher läßt sich damit verhindern, daß das Band mitten in der schönsten Aufnahme unerwartet zu Ende geht.

Das Objektiv

Das Lexikon macht es kompliziert: „Ein Objektiv ist eine Kombination zur Abbildung des Aufnahmegegenstandes auf einem Speichermedium". Einfacher läßt es sich so ausdrücken: Das Objektiv bündelt das Motiv. Und was dadurch auf den CCD-Bildwandler fällt, wird vom Camcorder aufgezeichnet. Klar, daß da-

Das Macro-Autofocus-System von Panasonic eröffnet Video-Einblicke in die Welt der kleinen Dinge und ermöglicht faszinierende Aufnahmen von Blüten oder Kleintieren.

bei die Güte der Linsen wesentlich die Qualität der Aufzeichnung bestimmt. Hier ist Panasonic wirklich Spitze, denn die leistungsfähigen Optiken sind auch extrem lichtstark und ermöglichen sogar einem Camcorder (NV-S 1) Aufnahmen ab 5 Lux!

Wer die Geheimnisse der Kleintier- und Pflanzenwelt auf Video bannen will, wird sich über das Macro-Auto-Focus-System freuen. Dieses System erlaubt Aufnahmen im Macrobereich mit dem vollen Komfort der automatischen Scharfeinstellung. Schnell und präzise focussiert das Objektiv das Motiv – ganz gleich aus welcher Entfernung. Das Geheimnis des Fliegengewichts beim NV-S 1 liegt übrigens auch im Objektiv. Dank der Entwicklung eines kompakten asphärischen Linsensystems konnte das Gewicht des Objektivs um 50 % verringert werden. Trotzdem wird bei dieser Panasonic-Erfindung die gleiche hohe Auflösung und Korrektur der Linsenaberration erzielt, für die früher doppelt so viele Linsen benötigt wurden: Statt vorher 13 Linsen in neun Gruppen sind es jetzt nur noch neun Linsen in sechs Gruppen. Sparen ist eben „in".

Der Autofocus

Die automatische Scharfstellung bei Videokameras ist oft ein Problem. Mal stellt sie scharf auf Objekte, die unwichtig sind; ein anderes Mal auf das richtige Motiv, dann aber zu langsam. Die extrem schnelle und präzise Scharfeinstellung mit dem digitalen KI (Künstliche Intelligenz)-Autofocussystem von Panasonic macht damit jetzt Schluß, und die Geschwindigkeit, mit der hier scharfgestellt wird, begeistert. Der Schlüssel zu dieser hohen Geschwindigkeit ist ein neu entwickeltes internes Fokussiersystem, bei der die Linse im hinteren Teil des Objektivs bewegt wird – statt der Frontlinse wie bei herkömmlichen Systemen.

Da sich die hintere Linse weniger bewegt, und sie außerdem durch einen Schrittmotor in einem winzigen Schritt richtig positioniert wird, konnte der Focussiervorgang bedeutend beschleunigt werden. Außerdem bleibt durch die Aktivität des Autofocus-Systems für den gesamten Aufnahmebereich das Bild überall scharf – gleichgültig, ob man von ganz nah oder weit weg filmt. Ein weiteres Zauberwort für scharfe Bilder in schwierigen Situationen heißt „Piezo-Autofocus". Dieses sogar mit einem Entwicklungspreis ausgezeichnete Prinzip sorgt selbst dann für absolut konstante Scharfeinstellungen, wenn durch Fenster oder Wasser gefilmt wird. So kann man seinen Videofilmen wahre Glanzlichter aufsetzen.

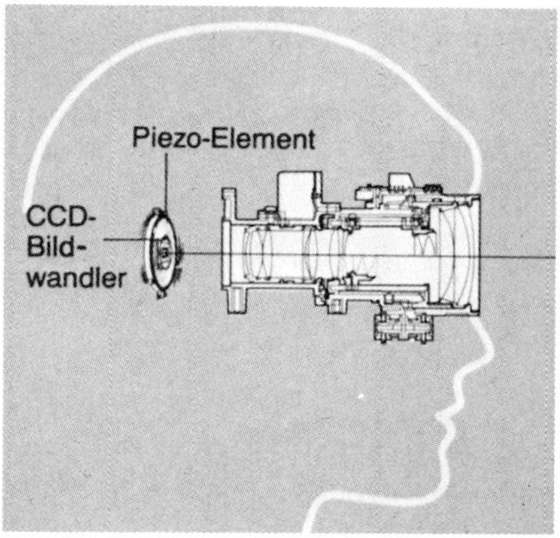

Den Funktionen des menschlichen Auges und Gehirns nachempfunden ist der schnelle „Piezo-Autofokus" von Panasonic.

Der Bildsensor

Empfindlich und sensibel wie das menschliche Auge verdient er größten Schutz. Gefahr droht ihm vor allem durch den Direkteinfall von Sonnenstrahlen, weshalb man niemals in gleißendes Licht filmen sollte. Als Faustregel gilt, daß eine Lichtquelle, in die man noch mit dem menschlichen Auge blicken kann, auch dem Bildsensor keinen Schaden zufügt.

Ein wenig Technik macht die ganze Raffinesse dieses delikaten Herzstücks klar. Die richtige Bezeichnung lautet eigentlich CCD, was für „Charge Coupled Device" – oder sinngemäß „Ladungsgekoppelter Bildsensor" – steht. Er besteht aus einem nicht mal fingernagelgroßen Chip und hat in einem rasanten Siegeszug die langjährige Aufnahmeröhre abgelöst und damit Stromverbrauch, Gewicht und Abmessungen eines Camcorders dramatisch vermindert. Seine tragende Aufgabe ist es, Licht, al-

so das durch das Objektiv fixierte Bild, in elektronische Signale umzuwandeln, damit diese dann vom Rekorder auf Magnetband aufgezeichnet werden können.

Wie sieht nun so ein Wunderwerk aus? So ein Chip besteht aus winzig kleinen, rasterförmig angeordneten Bildelementen, sogenannten Pixeln. Unvorstellbar hoch ist ihre Anzahl: Bis zu 450 000 (!) finden sich auf einer 1/2-Zoll großen Fläche, woraus auch die Bezeichnung 1/2-Zoll-CCD-Chip resultiert. Fällt nun Licht auf dieses Plättchen, so erzeugt jedes Pixel blitzartig eine Spannung, die den Farb- und Helligkeitswerten adäquat ist und die dann an die Kamera- und Rekorderelektronik weitergeleitet wird. Auf diese Weise ist das Videosignal entstanden.

Was früher die Aufgabe von Röhren war, erledigen heute die winzigen CCD-Bildwandler. Sie sind das elektronische Auge der Camcorder.

Noch ein Tip: Aus technischen Gründen können nicht alle dieser Pixel zum Bildaufbau herangezogen werden, weil ein Teil von ihnen anderen Zwecken dienen muß. So unterscheidet man Brutto- und Netto-Pixel und ein Vergleich von Chip-Leistungen sollte stets nur die aktiven Pixelzahlen zur Grundlage haben. Klar ist auch, daß für das aufgerüstete VHS-System Super VHS bzw. Super VHS-C Chips mit größeren Pixelzahlen als für Normal VHS verwendet werden. Denn nur was als Bildinformation auch registriert wird, kann dann auch aufgezeichnet werden. Und bei S-VHS und S-VHS-C ist eine Menge Platz dafür geschaffen worden.

Die Belichtungssteuerung

Alles muß in geregelten Bahnen verlaufen. Das gilt auch für die Steuerung der Lichtmenge auf den Bildwandler. Was beim menschlichen Auge die Iris leistet, schafft beim Camcorder die sogenannte Blende, die die Aufgabe hat, die Intensität des einfallenden Lichtes auf den Chip zu regulieren. Diese Anpassung ist notwendig, da der Chip nur einen kleinen Empfindlichkeitsbereich besitzt, eine Belichtungs-(Blenden)Steuerung also die Anpassung der Lichtmenge an den CCD-Bildwandler vornehmen muß. Das geht im Prinzip ganz einfach: Je heller das Licht, desto mehr schließt sich die Blende des Objektivs – und umgekehrt. Licht in seinen vielen Nuancen ist ein faszinierendes, aber auch kompliziertes, Gebilde, das zu seiner lebensechten und naturgetreuen Verarbeitung und Aufzeichnung viel technisches Know-How erfordert. Eine zentrale Stellung nimmt dabei die korrekte Belichtung ein, denn nur durch sie ergeben sich gute Bilder. Dreh- und Angelpunkt ist dabei die Blendenautomatik, die bei allen Panasonic-Camcordern eine homogene Belichtung selbst bei stark wechselnder Beleuchtung sichert. Viele andere Systeme berücksichtigen hier lediglich einen Spitzenwert, nicht jedoch hier: Alle Camcorder gewichten die gemessenen Beleuchtungsstärken entsprechend ihrer Lage im Bildausschnitt und erhöhen somit ihre Regelgüte.

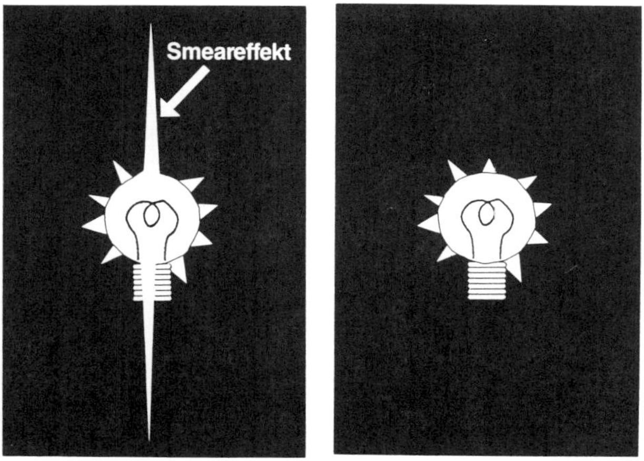

Einen hellen Streifen im Bild erzeugten früher punktförmige Lichtquellen. Durch „Frame Interline Transfer"-Chips (FIT) wird dieser Bildfehler unterdrückt.

Lobenswert ist auch, daß eine sogenannte „High-Bright"-Verstärkungsregelung (AGC) eine saubere Belichtung auch bei zwei Bildteilen mit sehr unterschiedlicher Helligkeit gewährleistet. Wer trotzdem lieber seinen eigenen Augen traut oder effektvolle Verfremdungen durch Unter- oder Überbelichtung erzielen will, der kann bei den Modellen MS 70, MS 90, MS 1 und M 10 die Blendenautomatik pausieren lassen und durch eine manuelle Regelung selbst Hand an die Belichtung legen, zum Beispiel für eindrucksvolle „Day for night"-Aufnahmen. Denn die beste Automatik ist immer noch die, die man abschalten kann.

Der Videokopf

Er hat etwas mit einer Achterbahn gemein, denn bei ihm gehts richtig rund. Hier werden die vom Bildwandler gelieferten elektronischen Signale in magnetische Informationen auf dem Videoband umgesetzt, und er ist sozusagen die Schreibkraft, die das bewerkstelligt. So einfach, wie es klingt, ist es jedoch nicht, denn die Physik hat der Technik noch ein paar harte Nüsse zum Knacken beschert: Da die Videoinformationen durch sehr hohe Frequenzspektren eine große Datenmenge darstellen, wäre zur Aufzeichnung extrem viel Bandmaterial vonnöten. Die Erfinder der Videoaufzeichnung behalfen sich deshalb mit einem raffinierten Trick: Statt einer hohen Bandgeschwindigkeit mit viel Bandverbrauch wählten sie stattdessen eine hohe Aufzeichnungsgeschwindigkeit, die durch rasant sich drehende Videoköpfe bewerkstelligt wird.

Ein zweiter Schritt zur Eindämmung des Bandverbrauchs war die extreme Verkleinerung der Magnetspuren: Ganze 0,049 mm sind sie noch breit! Und genau diese Aufgabe übernimmt die

Aus dem Profi-Bereich stammen die amorphen Videoköpfe für das Super-VHS-Format, die gegenüber den früher üblichen Ferritköpfen eine bessere Bildqualität liefern.

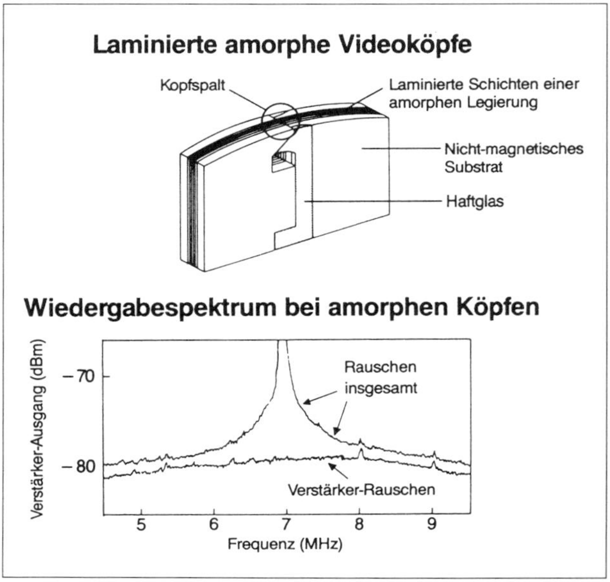

Kopftrommel mit Hilfe von auf ihr sitzenden winzigen Videoköpfen (nur 0,5 micrometer breit). Mit 1500 Umdrehungen pro Minute rotieren und flitzen sie über das Videoband, das um die Kopftrommel geschlungen ist, und machen den Aufzeichnungs- und Wiedergabekreis komplett.

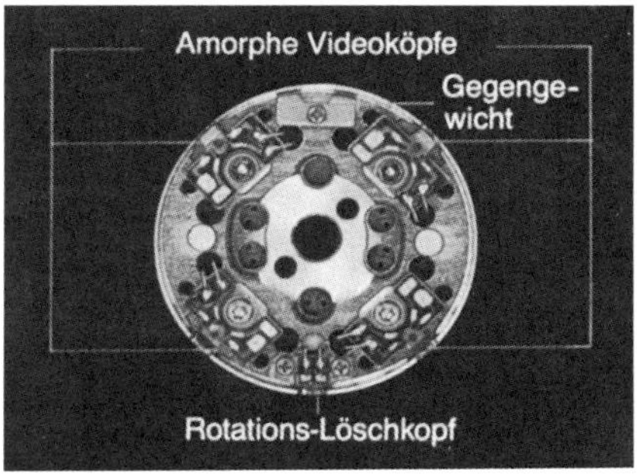

Apropos Aufzeichnung: Natürlich müssen bei ihr vorher alte Informationen gelöscht werden. Dies besorgt ein spezieller Löschkopf, der ebenfalls auf der rotierenden Kopftrommel sitzt und durch seinen Synchronlauf zu den Schreibköpfen für saubere Szenenanschlüsse sorgt.

Mit 1500 Umdrehungen pro Minute bewegt die Kopftrommel, die auf ihr sitzenden Schreib- und Löschköpfe am Videoband vorbei.

Ein Tip zum Schluß: Durch die hohe Geschwindigkeit der Kopftrommel, der damit verbundenen Luftzirkulation und des unvermeidlichen Bandabriebs ist gerade dieses Bauteil eine Sammelstelle für Schmutz und Staub. Besonders bei Camcordern, die unter wechselnden Umgebungsbedingungen arbeiten müssen (Staub im Freien, verräucherte Innenräume bei Veranstaltungen etc.), lohnt sich eine regelmäßige Wartung des wertvollen Gerätes. Techniker einer Servicewerkstatt säubern hier fachmännisch Bandführungen, Kopftrommel und Videoköpfe. Panasonic-Camcorder werden es durch gleichbleibende gute Bildqualität und zuverlässigen Betrieb danken.

Das Laufwerk

Wie von Geisterhand bewegen sich die technischen Einrichtungen im Kassettenschacht: Da wird das Videoband automatisch eingefädelt, mit behutsamen Greifern zur Abtastung um die Kopftrommel geschlungen, gleichzeitig ein Motor für den Bandtransport in Gang gesetzt und die Kopftrommel mit den Videoköpfen so flink beschleunigt, als gelte es, einen neuen Geschwindigkeitsrekord hinzulegen. Sekundenbruchteile später wird ein Luftkissen zwischen Kopftrommel und Videoband aufgebaut, damit das hauchdünne Magnetmaterial nicht von der mittlerweile mit 1500 Umdrehungen in der Minute rotierenden Trommel durch eine Berührung zerfetzt wird. Und schon ist der

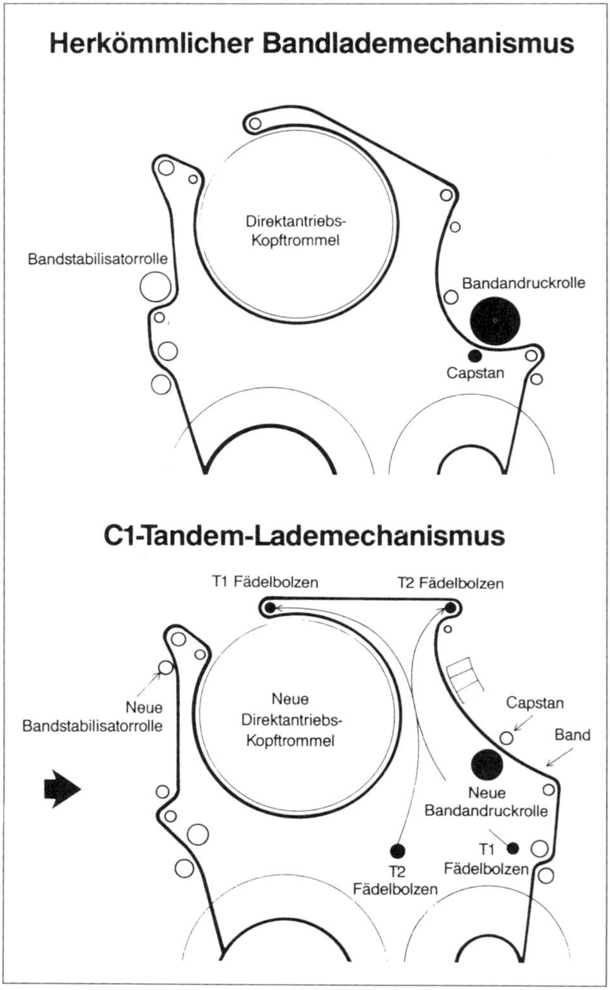

Wie von Geisterhand wird das Videoband automatisch eingefädelt und über die Kopftrommel geschlungen.

Camcorder startklar, bereit zur Aufzeichnung von Jubel und Trubel, Urlaub, Freizeit, Ernsthaftem und Nachdenklichem.

Die Rede ist vom Maschinenraum, oder besser gesagt vom Laufwerk eines Camcorders, wo die elenden mechanischen Arbeiten verrichtet werden, damit die Wirklichkeit auf Kassette gebannt werden kann. Vor allem Panasonic's VHS-C-Laufwerke sind wahre Meisterstücke der Uhrmacherkunst: Der neue C 1-Mechanismus mit dem Tandem-Ladesystem und den verkleinerten Bauteilen ist in der Lage, den Platz im Gehäuse optimal zu nutzen und gleichzeitig die Stabilität des Bandtransports zu verbessern. Dies ist wichtig, denn eine Unruhe würde den gefürchteten Jitter-Effekt auslösen, bei dem die Kanten im Bild ausfransen und der Bildstand schwankt.

Klein aber oho ist auch die superdünne Direktantriebs-VHS-C-Kopftrommel. Das Gewicht der Kopftrommel beträgt nur noch 78% einer herkömmlichen. Bei soviel High-Tech-Miniaturisierung ist eines ganz klar: Ein Camcorder braucht viel Pflege und Sorgfalt. Nur so wird sichergestellt, daß einem nicht nach kurzer Zeit das Hören und Sehen vergeht.

Das Mikrofon

Jeder Videofilmer weiß, daß der Erfolg seines Streifens nicht nur vom Bild, sondern genauso vom Ton abhängen kann. Wie sagt man doch so schön: Der Ton macht die Musik! Dabei ist der Originalton einer Aufnahme genauso wichtig wie die Nachvertonung, sei es um unbrauchbare Tonpassagen zu ersetzen, Originalszenen mit Musik oder Kommentaren zu unterlegen oder dramaturgische Akzente zu setzen.

HiFi-Stereo-Camcorder von Panasonic wie die Modelle M 10, MS 70 und MS 90 bieten dafür gute Voraussetzungen, denn hier wird der Ton frequenzmoduliert mit dem Videosignal aufge-

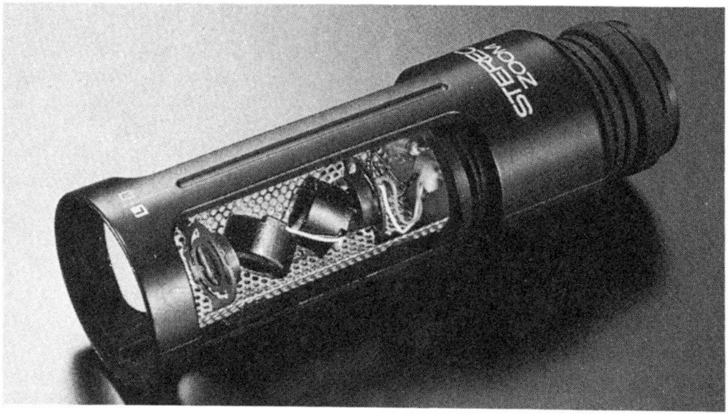

Das Stereo-Zoom-Mikrofon paßt seine Charakteristik der Brennweitenveränderung an.

Das Zweifach-Mikrofon-System des Panasonic NV-S1 sorgt mit Kugelkopfcharakteristik und Richtwirkung für bessere Tonaufnahmen.

zeichnet. Dies bedeutet eine sichere Speicherung, und die gute Ausgangsqualität schützt vor Verlusten beim Kopieren durch Überspielen.

Erfolgserlebnisse stellen sich ein, wenn man für bestimmte Filmsituationen speziell geeignete Mikrofone einsetzt. Das geschieht deshalb, weil die eingebauten Kameramikrofone keine spezielle Charakteristik besitzen. Die Wahl eines Zusatzmikrofons hilft einem aber, situationsgerecht zu arbeiten und dadurch Ton-Probleme zu vermeiden.

Ein Beispiel: Man filmt im Zoo und der Kommentar zu den Affen geht im Vogelgeschrei unter. Das rührt daher, daß die eingebauten Mikrofone meistens in einem weiten Winkel alles aufnehmen, während die Kameraoptik schon in leichter Telestellung den Bildwinkel begrenzt. Die Geräuschkulisse ist zu hören, aber nicht zu sehen – und das irritiert.

Das eingebaute Stereo AV Zoom-Mikrofon des Camcorders M 10 sowie das Zusatzmikro RP-VM 130 von Panasonic vermeiden dieses Problem, denn bei ihnen wird die Empfangskulisse und Richtwirkung mit der jeweiligen Stellung der Zoom-Position reguliert. Diese ‚Tonfänger' sind der Feinschliff eines Videofilms. Sie garantieren eines: daß die Zuschauer Ohren machen.

Aus der Hand oder vom Stativ

Je kleiner die Camcorder sind, um so mehr verführen sie zum Aufnehmen aus freier Hand. Das ist ja schließlich auch der Sinn ihrer Miniaturisierung. Doch ist dabei zu bedenken, daß selbst die leichtgewichtigsten unter ihnen Zooms mit sechs- bis achtfachen Brennweitenbereichen besitzen, deren maximale Telebrennweiten, bezogen auf das Kleinbildformat, 300 Millimeter und mehr betragen können. Je größer die verwendete Brennweite um so stärker ist die Gefahr des Wackelns. Es kostet Kleinbildfotografen schon sehr viel Übung und eine ruhige Hand, um mit so langen Teleobjektiven die Aufnahme nicht zu verwackeln. Und was für Kleinbildfotografen gilt, läßt sich ohne Einschränkungen auch auf das Videofilmen übertragen. Auch hier ist eine ruhige Kamerahaltung das A und O. Sie entscheidet darüber, ob der Zuschauer beim Betrachten des Videos schon nach wenigen Minuten seekrank wird oder ob er entspannt zuschauen und genießen kann.

Um den Camcorder so ruhig wie irgend möglich halten zu können, stellt man sich am besten leicht breitbeinig, drückt den Camcorder fest gegen Gesicht und Schulter und preßt die Arme gegen die Brust. Wenn Sie ein Objekt mit der Kamera verfolgen, drehen sie sich am besten mit dem ganzen Oberkörper, während die Beine fest am Boden stehen bleiben.

Eine kleine Stütze

Wenn immer Sie eine Chance dazu haben, sollten sie sich bei Freihandaufnahmen auf jeden Fall irgendwo anlehnen oder aufstützen. Ein Baum, ein Laternenpfahl, ein Auto, ein Türrahmen oder eine Hauswand können hier entscheidend zur Qualitätsverbesserung Ihrer Aufnahmen beitragen.

Auch ein Stuhl, auf dessen Rückenlehne, oder ein Tisch, auf dessen Platte Sie sich fest mit den Ellenbogen aufstützen, tragen zu Verbesserung der Bildqualität bei. Leichte Unregelmäßigkeiten in der Bewegung fallen bei Aufnahmen von bewegten Objekten weniger auf als bei statischen. Wenn der Zuschauer weiß, daß sich das Motiv in Ruhe befindet, wirkt jeder Ruckler doppelt unnatürlich.

Wenn Sie mit der Kamera gehen, bewegen Sie sich möglichst seitwärts. Wählen Sie eine Fortbewegungsform ähnlich der Schrittfolge des „Übersetzens" beim Schlittschuhfahren, bei dem das Spielbein vor dem Standbein vorbeigeführt wird, während der Oberkörper ruhig bleibt. Vermeiden Sie möglichst, während eines Schwenks oder einer Bewegung mit dem Camcorder zu zoomen. Das bringt nur Unruhe ins Bild.

Schulterstativ

Praktische Hilfen für Aufnahmen mit viel Bewegungsfreiheit sind die als Zubehör erhältlichen Schulter- und Einbeinstative. Sie sind relativ leicht und nehmen beim Transport nicht soviel Platz weg, wie ein dreibeiniges Videostativ.

Schulterstative tragen nicht nur zu einer ruhigeren Kamerahaltung bei, sondern sorgen auch für eine bessere Verteilung des Gewichts der Kamera und führen so ohne große zusätzliche Belastung zu besseren Videoaufnahmen. Gleichzeitig bewirkt die verbesserte Gewichtsverteilung und Halteunterstützung, daß man nicht so schnell ermüdet.

Es werden recht unterschiedliche Stützen für Freihandaufnahmen angeboten. Die einen, sehr leichten, sind wirklich reine Schulterstützen. Sie besitzen eine Auflagefläche, die sich leicht der Schulterform anpaßt. Mit dem Teleskoprohr kann die Schul-

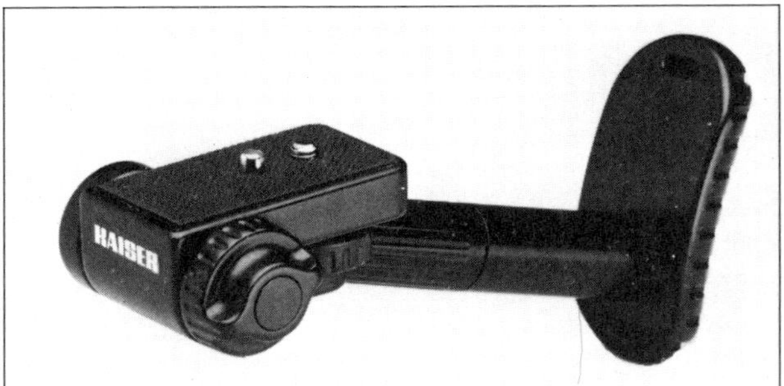

Viel Bewegungsfreiheit läßt einem das Kaiser Camcorder-Schulterstativ.

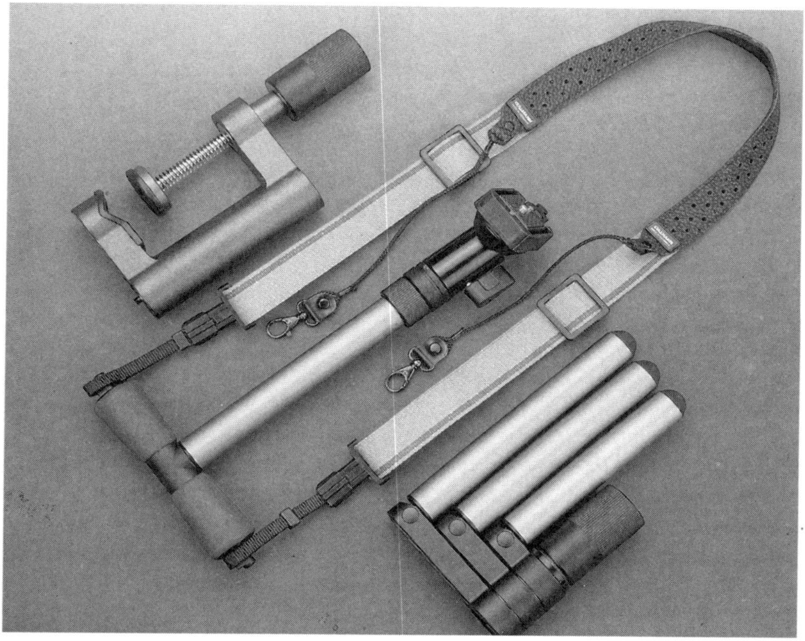

terstütze in der Länge individuell angepaßt werden. Eine integrierte Auflageplatte dient zur Befestigung des Camcorders. Diese läßt sich im Winkel entsprechend der Aufnahmesituation verstellen. Solche Schulterstützen, wie sie zum Beispiel von Kaiser angeboten werden, sind klein und handlich und passen optimal zu den Mini-Camcordern. Die meisten können ständig am Camcorder verbleiben und lassen sich zum Transport an den Camcorderboden klappen. Allerdings sind sie keine Garantie für wackel- oder ruckfreie Aufnahmen. Mit ihnen werden solche Aufnahmefehler nur weitgehend gemindert.

Ein Klemmstativ, ein Tischstativ in Miniversion und ein Körper-Bruststativ gehört zur Magic-Familie der Firma Cullmann.

Besser noch geeignet, die typischen Schwankungen bei der Aufnahme zu unterdrücken, sind die sogenannten Bruststative mit Schulterriemen. Diese Stative besitzen einen Gurt, der um den Hals getragen wird und an dem etwa in Bauchhöhe der Stativarm befestigt ist. Solche Bruststative werden von Cullman und Novoflex angeboten. Das Novoflex-Stativ kann sowohl als Schulter- als auch als Bruststativ verwendet werden. Das Bruststativ von Cullmann besitzt zusätzlich zwei Halteriemen, die am Stativkopf befestigt werden. Dadurch kann der Camcorder zwischen den Aufnahmen auch losgelassen werden, ohne daß er herunterfällt. Der Vorzug beider Geräte ist ihr relativ geringes Gewicht und die kompakte Bauweise.

Einbeinstative

Sicher erlauben Einbeinstative in der Regel eine ruhigere Kamerahaltung als beispielsweise Schulterstative, aber sie schränken die Bewegungsfreiheit des Videofilmers auch stärker ein. Sie sind hervorragend zur Unterstützung beim Zoomen und Schwenken geeignet. Allerdings kann der Filmer während der Aufnahme nicht den Standort verändern. Ihr spezieller Vorteil liegt offensichtlich in dem geringen Gewicht und dem schnellen

Das Mono 8 Einbeinstativ von Hama bringt es auf eine Länge von 148 cm, der große Bruder Mono 9 auf 161 cm.

Aufbau. Viele Videofilmer lassen die Einbeine zusammengeschoben ständig am Camcorder baumeln oder haben sie mit einem Videokopf mit Schnellkupplung ausgestattet, dessen Kupplungsplatte stets am Camcorder befestigt bleibt. Es gibt auch stabile Dreibeinstative, wie etwa von Cullmann, deren Mittelsäule herausnehmbar ist und die sich zu einem praktischen Einbeinstativ mit Kopf und Schnellkupplung umfunktionieren lassen.

Dreibeinige Videostative

Wer zum Dreibeinstativ greift, stellt höchste Ansprüche an seine Aufnahmen und ist deshalb auch bereit, selbst die damit verbundenen Umständlichkeiten des Aufbaus und die unbequeme Schlepperei in Kauf zu nehmen. Deshalb gleich zu Anfang ein Hinweis: Je stabiler ein Stativ, desto größer die Sicherheit, wirklich zitterfreie Aufnahmen zu bekommen. Stative sind nicht nur wichtig, um ruckfreie Schwenks, gleichförmige Zooms sowie zitterfreie Aufnahmen zu erhalten, sie sind auch erforderlich, um exakt zu arbeiten, präzise die Bildausschnitte zu bestimmen und eine gleichmäßige Bildführung zu gewährleisten. Videofilme, die über lange Strecken ausschließlich aus der Hand oder selbst mit einem Schulterstativ gedreht wurden, wirken immer unruhig. Je länger die Brennweite und je größer der Abbildungsmaßstab, umso störender wirkt der leichteste Ruckler, das geringste Wackeln später auf dem Fernsehschirm. Fern- und Nahaufnahmen sollten grundsätzlich nicht ohne ein stabiles Stativ gemacht werden.

Komfortabel ist ein Videofilmer mit dem Cullmann Dreibein-Stativ, in das ein Einbein-Stativ intergriert ist, ausgestattet.

Trotz der etwas umständlichen Vorbereitungen, die der Aufbau eines Stativs erfordert, und des höheren Gewichts, das die Ausrüstung belastet, ist sein Einsatz in jedem Fall zu empfehlen, und es gibt sicher nur ganze wenige, dramaturgische Gründe, ganz auf eine Haltestütze für den Camcorder zu verzichten.

Das Angebot an Videostativen ist nahezu unüberschaubar. Viele der angebotenen Produkte sind ihr Geld nicht Wert. Beim Kauf eines Stativs sollten Sie auf alle Fälle einige Dinge beachten.

- Auch wenn Stabilität erstes Gebot ist, hat es keinen Sinn ein Stativ zu kaufen, das wegen seiner Größe und des Gewichts dann doch meist zuhause bleibt.

● Das Videostativ sollte schnell und einfach aufzubauen sein. Das heißt, es muß leicht zu bedienende, einfache Feststellklemmen zur Höhenarretierung der Beine besitzen.

● Es sollte möglichst eine Mittelsäule haben, da diese beim einmal aufgebauten Stativ leichter in der Höhe zu variieren ist, als die drei Beine (Manche Mittelsäulen können zusätzlich als Einbeinstativ genützt werden).

● Zur exakten Ausrichtung des Camcorders auf dem Stativ, zum Beispiel bei Architekturaufnahmen, ist eine Wasserwaage am Stativkopf hilfreich.

● Nicht nur die Auszugshöhe eines Stativs ist wichtig. Es kann auch von Bedeutung sein, wie tief Sie damit für Aufnahmen aus der Froschperspektive herunter gehen können.

● Gerade bei den besonders leichten Videostativen sorgen Mittelverstrebungen zwischen den einzelnen Stativbeinen für zusätzliche Stabilität und größere Standfestigkeit.

Der Stativkopf

Der Stativkopf hat entscheidenden Einfluß auf die Qualität ihrer Videoaufnahmen. Er dient einerseits zur Befestigung des Camcorders und soll möglichst weiche Horizontal- und Vertikalschwenks ermöglichen. Beide Verstellwege müssen schnell und getrennt voneinander arretierbar sein. Achten Sie darauf, daß Ihr Stativkopf eine Dämpfungsfeder für die vertikale Verstellung besitzt, so daß der Camcorder, wenn er losgelassen wird, nicht abkippt. Eine integrierte Wasserwaage zur exakten Ausrichtung des Camcorders, zum Beispiel damit später im Bild der Horizont auch wirklich waagerecht verläuft, ist eigentlich unverzichtbar.

Besondere Aufmerksamkeit sollten Sie auch dem Schwenkarm des Stativkopfes widmen. Bei den meisten Stativen zeigt er nach hinten und läßt sich allerhöchstens in seinem Winkel etwas verstellen. Bei den kleinen Camcordern wirkt ein nach hinten zeigender Schwenkarm zwischen Kamera und Videofilmer eher störend. Einige Stative besitzen verstellbare Schwenkarme oder Griffe, die wahlweise nach hinten oder nach vorn zeigen.

Auch die Schnellkupplung verdient Beachtung. Vor allem bei den kleineren Camcorder-Modellen ist es wichtig, daß die Kupplungsplatte etwa der Breite des Kamerabodens entspricht. Die

Schnellkupplungsplatte sollte stets am Camcorder verbleiben, um einen schnellen, problemlosen Wechsel von Freihand zur Stativaufnahme zu ermöglichen.

Ein weiteres Ausstattungsmerkmal von guten Stativköpfen ist die Befestigungsmöglichkeit von Zubehörschienen zur Aufnahme von Lampen oder Zusatzmikrofonen.

Unverzichtbar für die Qualität der Aufnahmen vom Stativ ist der Stativkopf, den es bei Cullmann in unterschiedlichen Ausführungen gibt.

Stative für Kamerafahrten

Für viele Stative gibt es als Zubehör zusammenklappbare Stativwagen, auf die das Stativ für Kamerafahrten gesetzt werden kann. Allerdings ist für wirkungsvolle Kamerafahrten ein absolut glatter Boden erforderlich, da sonst Wackeln und Ruckeln die Aufnahmequalität verschlechtern. Profis bauen sich für Kamerafahrten zum Teil sogar Schienen. Am besten geeignet für die „Dollys" von Amateuren ist ein glatter Parkett- oder Linoleum-Boden.

Für Videoaufnahmen aus dem Auto werden Spezialstative, wie etwa von Novoflex oder Cullmann, angeboten.

Das Cullmann-Modell ist ein kombiniertes Einbein- Saugstativ. Das Einbeinstativ mit drei Segmenten wird durch Spann-Clips in der gewünschten Höhe arretiert. Ein Videokopf mit Schnellkupplung für vertikale Schwenks ist fest integriert. Mit Hilfe einer Stützstrebeneinheit mit Saugnäpfen, die sich um 90° spreizen und sich ebenfalls in der Länge mit Spannclips verstellen läßt, wird das Stativ fest zwischen Windschutzscheibe und Seitenfenster verankert. Bei Videoaufnahmen durch die Wind-

Für Videoaufnahmen aus dem Auto heraus werden spezielle Autostative angeboten.

schutzscheibe sollte möglichst ein Polarisationsfilter eingesetzt werden, um störende Reflexe zu vermeiden. Solche Filter werden von den Camcorder-Herstellern selbst angeboten oder sind von einer der zahlreichen Zubehörfirmen zu beziehen.

Reprostative und Aufnahmetische

Für Nahaufnahmen oder Dokumentationen und Reproduktionen gibt es ebenfalls Spezialstative. Sehr vielseitig ist der Makro-Reprostand von Novoflex, der sich sowohl für Videoaufnahmen von kleinen Objekten, als auch für den Transfer von Dias oder Negativen auf Video eignet. Praktisch an diesem Stand sind auch die Befestigungsmöglichkeiten für Videoleuchten, die sich durch sogenannte Schwanenhälse optimal plazieren lassen. Für reine Reprovorlagen sind Reprotische, wie sie von Kaiser angeboten werden, ideal. Von Kaiser gibt es übrigens auch einen praktischen Aufnahmetisch für das Filmen kleiner Objekte. Während bei den Reproständern eine Halterung für den Camcorder integriert ist, wird für das Arbeiten am Kaiser-Aufnahmetisch ein zusätzliches, stabiles Videostativ benötigt.

Von der Idee zum Drehbuch

Eines ist klar: Ein farbenprächtiger Videofilm sagt mehr als tausend Worte. Doch das heißt noch längst nicht, daß man sein Publikum einfach nur mit den unsortierten Ergebnissen seiner eigenen Spontaneität konfrontieren darf.

Erinnern wir uns nur an die unsäglichen Diaabende, wo das Fehlen jeglicher Dramaturgie die Gäste zum Einschlafen bringt. Auch beim Videofilm genügt es eben nicht, einfach nur aufzuzeichnen, was sich vor der Linse bewegt und das dann simpel abzuspulen. Vor allem, weil nur ganz wenige Regeln ausreichen, um Ordnung und Stil in das Selbstgedrehte zu bringen und damit den Erfolg zu garantieren.

Vergessen werden sollte nicht, welche faszinierenden Möglichkeiten sich durch die Nachbearbeitung ergeben, also dann, wenn man alle Aufnahmen „im Kasten" hat. Durch den Schnitt, mit Effektgeräten, mit Titel und Nachvertonung kann der Videofilmer in eigener Regie sein Werk vollenden und perfektionieren. Doch vor allem anderen steht die Aufnahme und damit die Spanne vom Umsetzen der ersten Idee bis zum Drehbuch.

Ideen ohne Ende

Ideen gibt es wie Sand am Meer. Es ist müßig darüber zu spekulieren, wie man sie bekommt: Einige schwören auf den berühmten Spaziergang über eine Wiese, andere vom tiefen Blick in eine destillierte Erfrischung. Wahr scheint zu sein, daß man eine Idee nicht auf Kommando hervorzaubern kann – obwohl auch diese Vorgehensweise nicht auszuschließen ist. Und wahr ist auch, daß man für schöpferische Leistungen niemals zu alt ist: Mark Twain schrieb nach seinem 70. Lebensjahr noch drei neue Bücher, Goethe, Kant, Voltaire und viele andere große Dichter und Denker schufen neue und großartige Werke, als sie schon über sechzig waren. Und Konrad Adenauer stand im 74. Lebensjahr, als er 1949 deutscher Bundeskanzler wurde!

Ohne zündende Idee kein guter Film. Mobilisieren Sie alle kreativen Kräfte, um Ihr Videovorhaben zu realisieren.

„Das schöpferische Vorstellungsvermögen wird durch Übung gesteigert", sagt William Somerset Maugham, „und ist im Gegensatz zur allgemeinen Meinung mächtiger in den Alten als in den Jungen". Wie kann man aber nun schöpferische Filmideen zumindest begünstigen? Zwei Methoden haben sich als sehr nützlich erwiesen:

1. Das „Freewheeling" – ein freies Kreisenlassen der Gedanken mit schöpferischem Träumen,

2. Das Brainstorming – ein Forcieren von Geistesblitzen.

Worauf beruhen diese Techniken? Grundlage ist die Erkenntnis, daß eine Idee die andere ruft. Freewheeling und Brainstorming beruhen auf dem Prinzip der Gedankenassoziation.

Stellen Sie sich vor: Sie sitzen an einem Abend mit Freunden zusammen. Zuerst sind alle ziemlich trocken und die Gespräche sind mühsam. Kurz bevor man sich entschließt, daraufhin nach Hause zu gehen, erzählt einer einen Witz. Und danach noch einen zweiten. Plötzlich fällt Ihnen auch noch einer ein, den Sie zum Besten geben. Und unverhofft kommen allen anderen Freunden, die vorher verklemmt dasaßen und nie an einen Witz gedacht hätten, ein solcher in den Sinn. Die Gesellschaft gerät in Schwung, und der Abend wird lang.

Genau das ist die Grundlage beider Methoden: Ein Wort gibt das andere, ein Gedanke löst einen anderen Gedanken aus, der einem sonst nicht gekommen wäre. Aber auch wenn man allein ist, kann man auf diese Art der Gedankenassoziationen kommen, also einen Gedanken einen anderen rufen lassen. Genau das ist „Freewheeling". Bevor wir irgend etwas entscheiden, das für uns auch nur von einiger Bedeutung ist, lassen wir unsere Gedanken unbeschwert und unkontrolliert auf Reisen gehen. Ob wir dabei im Zimmer auf- und abgehen, um den Tisch herumlaufen oder uns bequem mit geschlossenen Augen auf die Couch legen, spielt dabei keine Rolle.

Eine Grundregel hierbei: Alles aufschreiben! Und zweitens: Niemals sich selbst gleich korrigieren! Man sollte sich jeden Urteils enthalten, wenn unsere Vorstellung bei einem Spaziergang beispielsweise auf „unmögliche" Möglichkeiten trifft. Denn viele Ideen sind gerade deswegen erfolgreich, weil mit ihnen etwas getan oder erreicht wird, was gestern noch unmöglich schien.

Schließlich gehen wir die Gedankenblitze durch, scheiden die unbrauchbaren und sinnlosen aus, bis nur noch wenige in die engere Wahl kommen. Aus diesen suchen wir durch reifliches Abwägen die beste Idee heraus.

Beim Brainstorming geht man analog vor, nur daß man nicht allein, sondern gemeinsam mit anderen Leuten Ideen produziert. Wichtig ist dabei, daß man die zwei Phasen des Freewheelings – das Hervorbringen der Einfälle und das Kritisieren der Einfälle – auch hier auseinanderhält.

Experimente haben interessanterweise ergeben, daß im Durchschnitt die siebzigste Idee die beste ist! Daß sich ein wenig Mühe auszahlt, zeigt sich auch in der weiteren Erkenntnis, daß in der zweiten Viertelstunde zwei- bis dreimal soviele Ideen produziert werden, wie in der ersten Viertelstunde. Es lohnt sich also nachzudenken! Mit Freewheeling und Brainstorming kann man auch aus einem Regensonntag filmerisch mehr machen, als uns im ersten Augenblick einfällt. Und mit Sicherheit gibt es originellere Möglichkeiten, tolle Videofilme zu realisieren, als uns die Camcorder-Prospekte vorschlagen. Mobilisieren Sie also schlummernde Kräfte!

Ideen braucht man genauso um aus den Urlaubsszenen einen sehenswerten Videofilm zu machen wie um ein Geburtstagsfest, eine Sportveranstaltung, ins rechte Licht zu rücken.

Treibstoff für Filmideen

Schließlich steht am Ende des kreativen Prozesses das produktionsreife Drehbuch, in das die subjektiven Empfindungen gegossen werden, um ihnen eine allgemeinverständliche Sprache zu verleihen. Aus dem Sandkorn der Grundidee bildet sich das immer größer werdende Kristall der Erzählung, die den Zuschauer bindet und fesselt und auf den Höhepunkt zuführt.

Obwohl es auf den ersten Blick keine allgemeingültigen Regeln für Filmstoffe zu geben scheint, sind dennoch ein paar Grundsätze zu beachten:

- Achten Sie auf die Vielfalt der Geschichten. Alles ist möglich – genau wie im Leben.
- Achten Sie auf die innere Kraft der Geschichte. Antriebsmechanismen wie Verfolgungen oder Zeitdrücke fesseln den Zuschauer und erhöhen die Spannung.
- Achten Sie auf den dramaturgischen Aufbau. Das Beste hebt man sich für den Schluß auf

Handwerk statt Kunst

Die beste Filmidee ohne handwerkliche Umsetzung ist wie eine Maschine ohne Treibstoff! Ein Filmautor muß der Welt und dem Publikum bieten, was es wünscht, aber nicht erwartet. Dazu gibt es keine Regeln des Erzählens, aber Prinzipien, die seit Homer funktionieren. So hat die Story-Dramaturgie die Funktion, die innere Natur eines Menschen ans Licht zu bringen. Dies geschieht durch Szenen, in denen der Protagonist unter Druck gesetzt oder vor Entscheidungen gestellt wird, er ist das emotionale Tor zur Story. Und die handelt möglichst von einer Leitidee. Zum Beispiel: „Liebe triumphiert", „Mutter Natur hat das letzte Wort", „Gerechtigkeit siegt", „Hochmut kommt vor dem Fall".

Und für den Einstieg gilt: Exposition als Munition, also wenn möglich, dramatisch mit einem Knaller, der den Knoten schürzt. Bleibt die Frage: Wie schreibt man schließlich das Drehbuch?

Ganz einfach: Von hinten nach vorn und zunächst mal völlig ohne Dialoge. Dann erst, wenn die Story steht, die Fäden gesponnen, die Höhepunkte organisiert sind, wenn das Netzwerk des Unbewußten und Unausgesprochenen ausgelegt ist, ist das Werk soweit gediehen, daß man den Dialog hinzufügen kann.

Technisch gesehen enthält ein Drehbuch Dialoge und die Beschreibungen des zu filmenden Gegenstands. Es ist also weniger schöpferische Kunst, als vielmehr Handwerk. Und keineswegs wird hier wild drauflosgeschrieben, sondern ein Filmgedanke methodisch entwickelt. Drei Entwicklungsstadien sind hierbei zu unterscheiden:

1. Das Expose
2. Das Treatment
3. Das Drehbuch.

Im Expose werden auf wenigen Seiten die Hauptfakten des späteren Drehbuchs festgelegt. Auf Details kann verzichtet werden, Verständlichkeit und Skizzierung sind Trumpf. Es ist wie ein Gerüst, in das später die tragenden Teile eingesetzt werden. Das Treatment ist eine Ausarbeitung des Exposes und erzählt die ganze Geschichte. Allerdings ohne detailliert ausgearbeitete Szenen. Hier wird nur die grobe Szenenfolge angedeutet, es kann aber Dialoge enthalten. Jetzt ist auch der Zeitpunkt für Korrekturen gekommen, da das Material schlüssig vorliegt. Man achte auch auf die Eigendynamik der Geschichte, die sich ab einem gewissen Zeitpunkt ‚selbst' erzählt und die vielleicht von der Erzählweise des Autors abweicht.

Es kann nämlich passieren, daß eine Geschichte im Expose noch durchaus glaubhaft klingt, bei der Ausformulierung im Treatment jedoch undenkbar wird und durch andere Geschehnisse ersetzt werden muß, damit alles glaubhaft bleibt. Jeder kennt die Kinofilme, bei denen anfangs sympathische Helden durch den Lauf der Ereignisse zu lächerlichen Idioten werden, weil die Zuschauer vielleicht unbewußt ihre Sympathie einer anderen Person zutragen – obwohl der Autor dies gar nicht wollte.

Hilfe aus diesem Dilemma verspricht die Gliederung der Erzählelemente in Motive und Absichten, Ziele oder Schwierigkeiten durch eine abstrahierende Analyse, am besten mit einem Röntgenblick. Nur so lassen sich Qualitäten und Unzulänglichkeiten eines Stoffes ausfindig machen. Das Drehbuch ist die endgültige Konkretisierung des Filmstoffes. In ihm werden die

Filmszenen beschrieben, es ist eine filmgestalterische Gebrauchsanweisung. Wie eine Architekturzeichnung, mit deren Hilfe die Fachleute die Vorstellungen des Architekten und Statikers in die konkrete Wirklichkeit eines Bauwerks umwandeln, beschreibt ein gekonntes Drehbuch das Filmwerk Szene für Szene. Dabei geht man wie folgt vor: Man nimmt ein DIN A 4-Blatt, teilt es mit einem Strich in der Mitte und trägt links alles an Informationen ein, die das Bild betreffen. Also: Innen oder Außen, Tag oder Nacht, Nah- oder Weitaufnahme, Einzelperson, Gruppe oder Landschaft sowie Zeitangaben und Kamerastandpunkte. In die rechte Spalte kommen alle Toninformationen. Das können Dialoge, Geräusche oder Musik sein. Natürlich kann sich diese Niederschrift während der Dreharbeiten ändern, denn niemand ist in der Lage, alle Unwägsamkeiten vorherzusagen: Darsteller können krank werden, Schlechtwetterperioden können sich einstellen, und oft stellt sich heraus, daß eine Szene nur auf dem Papier bestechend ist. Auch sollte man sich des kreativen Schöpfungspotentials nicht berauben, wenn erkennbar ist, daß die Geschichte nicht richtig zündet. Nur diese Vorgehensweise hilft das drohende Dilemma zu vermeiden, in dem sich viele Videofilmer befinden: Sie gehen allzu spontan vor und landen bei der Einsicht, nach der „Ideen zu haben himmlisch ist, sie umzusetzen aber die Hölle“.

Im Drehbuch beschreiben Sie detailliert die Filmszenen. Auch Geräusche oder Dialoge werden eingetragen.

Drehbuch: Titel: Der Besuch	Autor: Pit Müller
BILD	TON
Außen: Totale, Straße, Auto fährt vor und hält vor Hauseingang Nr. 68	Originalton Geräusche
Außen: Halbtotale Auto, Fahrer steigt aus, Kamera schwenkt mit, Fahrer geht auf die Türe zu	Mann murmelt vor sich hin: „Hoffentlich ist jemand zu hause“
Außen: Großaufnahme, Klingel, Hand	Klingelton
Innen: Frau in der Küche, schneidet Bohnen	Frau ruft: „Es ist offen, komm doch herein“

Die Produktionsplanung

Einen Videofilm drehen, kostet Geld. Und nur Planung hilft, diese Ausgaben zu begrenzen und kalkulierbar zu machen. Sie erstreckt sich auf drei Bereiche: Die Vorbereitung, die Dreharbeiten und die Endbearbeitung. Der Videofilmer steht hier vor der Aufgabe, eine große Zahl von Aufgaben zu organisieren und auszuarbeiten. Dazu gehört die Manuskriptarbeit, die Drehbucharbeit, die Konzeption des Montageplans, Absprachen mit den Mitwirkenden, die Vorbereitungen für die Produktion (Drehort-Suche, Dekorationsaufbau), die Dreharbeiten, die technische Bearbeitung des aufgenommenen Materials und die Montage und Synchronisation bei der Endbearbeitung.

Damit umfaßt die Produktionsplanung alles: Nämlich Material, Manpower und Zeit in die richtige und notwendige Relation zu setzen, damit das Projekt reibungslos zur rechten Zeit am rechten Ort mit den richtigen Leuten abläuft.

Drehort

Meistens wird der richtige Drehort durch das Filmthema bestimmt. Eine Hochzeitsfeier wird für Sie nicht auf einen filmisch attraktiven Ort verlegt werden. Wenn möglich, sollte man sich immer schon vorher mit der Umgebung vertraut machen. Aus welcher Perspektive werden die besten Aufnahmen gelingen? Wo finden Sie einen Standplatz bei dem Ihnen nicht ständig jemand ins Bild läuft? Vielleicht finden Sie eine Möglichkeit, das Geschehen von oben aufzunehmen, um größere Personengruppen aufs Bild zu bringen. Auch hier ist Planung alles.

Die Schauspieler

Mit ihnen nimmt eine Filmidee Gestalt an. Und in ihnen sieht der Zuschauer seine Erlebniswelt wiedergespiegelt. Ihre Rolle ist also multifunktional und das heißt: Perfektes Eindringen in die Gedankenwelt der handelnden Personen durch ein Agieren, das den Zuschauer für das Anliegen des Films gewinnt.

Am leichtesten fällt es den Mitwirkenden ihre Rollen überzeugend darzustellen, wenn sie sich mit ihnen identifizieren können.

Die Mitwirkenden in Ihrem Film werden ja vor allem Freunde und Verwandte sein. Erwarten Sie sich nie zuviel von deren schauspielerischen Talenten.

Von Vorteil ist, wenn ein Darsteller schon charakterische Eigenschaften der Rolle besitzt und sich nicht in eine ganz andere Person hineinversetzen muß. Nur so ist er in der Lage, den gewünschten Eindruck auf den Zuschauer auszuüben. Denn Natürlichkeit vor der Kamera ist erstes Gebot, und gerade hier tun sich Laien im Gegensatz zu gelernten Schauspielern schwer. Meistens wollen sie etwas „darstellen", und genau da machen sie Fehler. Kinder und primitive Völker sind da weitaus dankbarer: ihr Auftritt vor einer Kamera ist kein Schauspiel, in dem sie sich inszenieren wollen, sondern ihre natürliche Lebensäußerung. Sie geben sich, wie sie sind, und genau das ist das perfekte Schauspiel.

Die Requisite

Ein Film lebt nicht von den Darstellern allein. Erst durch Kleider und Dekorationen, Ausstattungs- und Gebrauchsgegenstände – also die Requisite – wird ein Handlungsraum gebildet, der die

Familienausflug: Festgehalten mit dem Camcorder werden Erinnerungen an einen schönen Tag unvergeßlich. Von der rasanten Fahrt über die Landstraße...

...bis zum Ziel, den Hafen am See, wo die verdiente Rast gemacht wird. Aus den einzelnen Episoden wird in der häuslichen Nachbearbeitung ein kleiner Spielfilm.

Urlaubstage: Wer erinnert sich nicht gern an die schönsten Tage des Jahres. An die romantische Hafenszenerie auf der kleinen französischen Insel im Abendlicht...

...an die Blumen, die man später auf Video meint riechen zu können. Die Abwechslung von Übersicht- zu Detailaufnahmen macht Ihren Film erst unterhaltsam.

Nur mit Aufnahmen, die eine Geschichte über den Ort erzählen, wo Sie Ihren Urlaub verbracht haben, werden Sie die Zuschauer fesseln. Ob es die Fischerboote im Hafen sind...

...oder die Männer bei der Salzgewinnung. Die Bilder schildern das Leben auf der Insel. Sprache, Musik und Geräusche können dabei den visuellen Eindruck noch ergänzen und verstärken.

Kinder, Kinder: Die lieben Kleinen, nicht oft genug kann man sie mit dem Camcorder beobachten. Beim Spielen am Bach, wo sie sich noch unbeobachtet fühlen...

...oder nur wenig später, wenn sie sich gekonnt in Pose setzen. Ganz anders als bei Erwachsenen, ist für Kinder die „Schauspielerei“ meist ein unbeschwertes Vergnügen.

Kinder agieren gerne als Hauptdarsteller, solange man sie nicht zu oft eine Szene wiederholen läßt. Langweilig...

...darf es aber nicht sein. Bei Aufnahmen zusammen mit Tieren ergeben sich genug Möglichkeiten zu schönen Motiven zu kommen.

Historische Feste: Wo bekommen Sie die Darsteller für Ihren Kostümfilm gratis geliefert? Bei historischen Festen, die von Städten und Gemeinden...

...veranstaltet werden. Wie hier bei der „Kinderzeche“ im mittelalterlichen Dinkelsbühl. Wichtig ist, daß man sich möglichst vorher die besten Aussichtspunkte sucht.

Sportgenuß: Sonne, Schnee und Berge. Ein Traum für jeden Skifahrer und natürlich auch für den Videofilmer, der es Willy Bogner nachmachen will.

Wenn Sie nicht nur eine rasante Abfahrt an die andere reihen wollen, denken Sie schon bei der Aufnahme an lustige Zwischenschnitte.

Tierisch gut: Eine Löwenfamilie, ein Motiv, bei dem jedem Videofilmer das Herz aufgeht. Das wichtigste bei Tieraufnahmen ist Geduld...

...die schönsten Szenen ergeben sich oft erst nach langem Warten. Umso länger Sie an einem Platz bleiben, umso eher gewöhnen sich die Tiere an Ihre Anwesenheit.

Personen zusätzlich definiert. Also teures Dekor signalisiert Wohlstand, ebenso wie erlesener Schmuck, ein Luxus-Auto usw. Das gleiche gilt umgekehrt.

Requisiten können aber auch tragende Rollen bekommen: Denken wir nur an Handlungen bei denen ein verborgener Schatz gesucht wird oder ein Schlüssel ein Geheimnis birgt, ein Auto eine Reise unternimmt oder bei einem Mord am Tatort ein Ring verloren wurde. Einer der berühmtesten Filme („Citizen Cane") erzählt die Geschichte eines Zeitungszaren anhand seines Rodelschlittens („Rose Bud"), der am Schluß des Films dramatisch im Feuer verbrennt.

Hier liegen fantastische Möglichkeiten, die eine Geschichte transportieren können, Spannung erzeugen, ohne besonders aufwendig zu sein. Requisiten als Filmstars: Entdecken Sie diese einfache Methode, einen roten Handlungsfaden zu haben, der selbstständig und fesselnd die Filmstory erzählt!

Gelungene Dekorationen und Kostüme machen aus jedem Film mehr und tragen zum Handlungsverständnis bei.

Die Beleuchtung

Die meisten Filmer glauben, daß Filmleuchten erst dann eingesetzt werden, wenn es schummrig wird und die Lichtempfindlichkeit der Camcorder nicht mehr ausreicht. Ganz falsch! Filmen mit Licht bei Licht gehört mit zu den elementarsten Grundsätzen der Filmgestaltung, denn gerade mit Lichteffekten lassen sich einmalige und charakteristische Stimmungen zaubern, die handelnde Personen und Örtlichkeiten in der Aussage erst deutlich machen oder gekonnt unterstreichen. Licht und Schatten sind unlösbar miteinander verbunden: Gezielt eingesetzt, unterstützen sie die bildkompositorische Arbeit wesentlich. Diese Weisheit sollte hell in den Köpfen der Filmemacher leuchten! In der Filmarbeit müssen verschiedene Lichtarten unterschieden werden:

- Das Führungslicht (oder auch Hauptlicht) mit der höchsten Beleuchtungsstärke imitiert die natürliche Lichtquelle.
- Das Füllicht hat die Aufgabe, die durch das Führungslicht verursachten Schatten aufzuhellen.
- Das Frontallicht strahlt in der optischen Achse der Kamera auf das Aufnahmeobjekt und rückt es in den Mittelpunkt.
- Das Augenlicht als spezielle Lichtquelle erzielt einen gewünschten Glanzeffekt in den Augen eines Darstellers.
- Das Seitenlicht verleiht dem Bild eine zusätzliche Plastizität durch die Zeichnung von Konturen und Strukturen der Objekte. Darüberhinaus kann man mit Silber- oder Goldfolien, die auf Styropor-Platten geklebt sind, hübsche Aufhell-Effekte und optische Schmeichler erzielen.

Die Maske

Nichts macht einen Film interessanter als gute Schminke. Denn trotz aller schauspielerischer Künste kann ein Film durch maskenbildnerische Arbeit entscheidend gewinnen oder verlieren. Drei-Tage-Bärte, künstliche Glatzen, klaffende Wunden – wer kennt nicht das Arsenal der Illusions-Chirurgen, die Kunstwerke im wahrsten Sinne des Wortes zaubern. Aber es müssen nicht immer wabbernde Hautfetzen sein, die zum Erfolg eines Films beitragen, es tut einem Film auch ganz gut, die Kunst der Maske einzusetzen: Mit Gummimilch läßt sich alte Haut vortäuschen, Hautglanz-Gelee eignet sich zur Darstellung nasser oder schwitzender Haut, ein Tränenstift erzeugt natürliche Tränen und mit Plastillin eine individuelle Nase zu modellieren, dürfte selbst dem Laien gelingen. Einer der Grundausstatter für diese „Organbank“ ist die Firma Kryolan in Berlin.

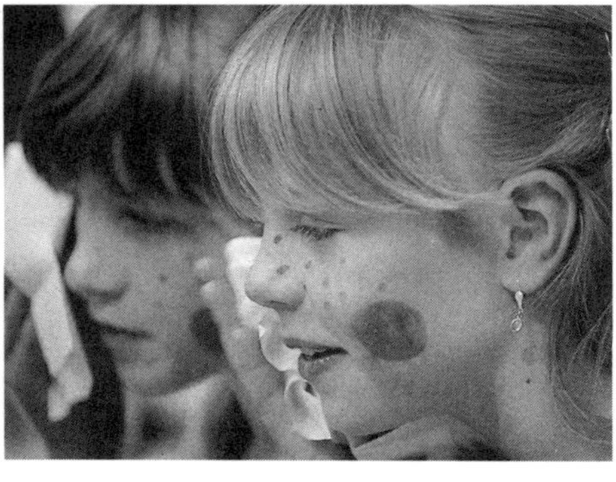

Schminken muß nicht aufwendig sein. Kleine Tricks zeigen oft große Wirkung.

Die Produktion

Die Anschlüsse

Kein Film ist jemals von Anfang bis Ende in der Reihenfolge der Ereignisse durchgedreht worden. Das hat folgende Gründe:

1. Man müßte eventuell ständig zwischen den verschiedenen Drehorten hin- und herfahren.

2. Man geht ökonomisch vor und erledigt beispielsweise bei schlechtem Wetter alle Innenaufnahmen.

3. Meistens sind Szenen zu lang geraten und müssen durch den Schnitt gekürzt werden.

Das bedeutet, daß er die Teilstücke eines Films verbindet, also die Bilder zusammenfügt und durch den Rhythmus der Schnittfolgen ein bestimmtes Tempo vorgibt. Wichtig ist dabei, daß sich jede Einstellung an der Schnittstelle folgerichtig an die vorangegangene anschließt. Nicht selten sind Anschlußfehler sogar in Kinofilmen festzustellen, wenn bei der filmischen Auflösung eines Gesprächs mit Schuß und Gegenschuß die Zigarette eines Schauspielers nach einem Schnitt plötzlich abgebrannt ist, obwohl nur Sekunden vergangen sind; wenn Schauspieler plötzlich den berüchtigten Fünf-Uhr-Bart bekommen, weil an einer Szene zu lange gearbeitet wurde und der normale Bartwuchs sich zu Wort meldet. Aufpassen ist hier besser als teures Nachdrehen.

Die Übergänge

Eine Affengruppe sitzt in der Wüste und streitet sich um ein Wasserloch. Plötzlich entdeckt einer von ihnen die Kraft, die in einem herumliegenden Knochen steckt und schlägt damit einen Artgenossen mausetot. Mit einem Triumphgeheul wirft er anschließend den Knochen in den Himmel. Während sich dieser wirbelnd entfernt, wächst aus ihm eine Raumstation.

Die Szene stammt aus dem Kinofilm „2001 – Odyssee im Weltraum“ und ist eine Meisterleistung des Regisseurs Stanley Kubrik, der mit diesem genialen Film-Übergang Millionen Jahre von der Steinzeit zum Fortschritt überbrückte. Doch es muß nicht gleich ein Geniestreich sein, wenn man Filme durch raffinierte Übergänge anreichert: Einfache Unschärfeblenden, bei denen eine Szene in der Unschärfe endet und eine neue ebenfalls aus einer Unschärfe beginnt, sind enorm wirkungsvoll. Oder ein Reißschwenk, bei dem die Kamera heftig in der Horizontalen bewegt wird, während die Szene ausläuft bzw. wieder neu beginnt. Oder der Symbolschnitt, wo beispielsweise eine Schießerei genau in dem Moment beginnt, in dem bei einem im gleichen Raum stattfindenden Kegelabend die Kamera gerade auf die Kugel hält, als diese alle neun Kegel umwirft. Oder das einfachste: Die Überblendung. Beispiele gibt es hier genug, Ideen, wenn man will, noch mehr.

Der Achsensprung

Beileibe um keine olympische Disziplin handelt es sich hier, sondern um eine gedachte Handlungsachse, beispielsweise zwischen zwei Personen, die von der aufnehmenden Kamera nicht überschritten werden darf. Passiert es dennoch, spricht man von einem Achsensprung, der durch die Umkehrung der Personen (links wird rechts und umgekehrt) die Zuschauer verwirrt.

Dieser Aufnahmefehler kann im Eifer des Gefechts passieren. Abhilfe schafft nur ein Zwischenschnitt, der einen solchen Standortwechsel vorbereitet. Das kann eine Totale vom Geschehen sein, bei der der Zuschauer sich orientieren kann, oder die Aufnahme einer neutralen Person, die dieser Szene zuschaut und in deren Perspektive die Kamera dann schlüpft.

Der Zoom

Leider verbirgt sich in einer Meisterleistung der optischen Kunst eine große Verführung: im Varioobjektiv – oder besser Zoom – und dem unbekümmerten Umgang damit. Nicht selten sieht man Filme, in denen munter drauflos gezoomt wird, als gelte es, modernen Musikvideos nachzueifern. Zwar kann man mit dem Zoom jeden beliebigen Bildausschnitt wählen, der einem gefällt, aber man kann es leicht übertreiben. Das Heranholen und Wegschieben eines Motivs wird zur beliebten Beschäftigung der meisten Filmer, und zwar ohne handlungslogische Begründung. Und das meist noch mit unpassender Geschwindigkeit.

Übersehen wird, daß bei einer echten (aber aufwendigeren) Fahraufnahme, bei der die Kamera auf das Motiv zufährt, ein viel besserer räumlicher Eindruck entsteht. An den beiden Seiten ergibt sich eine spannende perspektivische Sicht. Verstärkt wird dieser Effekt, wenn man mit der Kamera eine Drehung nach links oder rechts unternimmt und damit neue Blickwinkel entdeckt. Wie so oft gilt also auch beim Zoomen: Weniger ist mehr!

Der Schwenk

Film ist Leben, und das bedeutet Bewegung. Auch für die Kamera, die um ihre Horizontal- und Vertikalachse geschwenkt werden kann und damit dem Zuschauer einen Überblick verschafft, seine Blick leiten kann, bewegte Objekte verfolgt oder einfach als rhythmisches Element wirkt. Und wie alle Bewegungen der Kamera sollte der Schwenk stets bildinhaltlich motiviert sein. Je

Mit dem Kameraschwenk bekommt der Zuschauer einen Eindruck des Handlungsorts wie hier von der Skyline New Yorks

nach Stimmung und Inhalt der Filmszene kann ein Schwenk langsam oder schnell sein, bis hin zu einer abrupten Bewegung von einem Objekt zum anderen – dem Reißschwenk. Könner benutzen dazu natürlich ein Stativ, denn sonst sehen die Bilder aus wie bei Windstärke acht vor Helgoland...

Die Kamerafahrt

Wenn der Zuschauer geleitet oder der Darsteller begleitet werden soll, setzt man eine Kamerafahrt ein. Auf einem fahrbaren

Stativ angebracht, ist die Kamera Lieferant ständig sich ändernder Perspektiven. Neue, bislang verdeckte Dinge werden sichtbar, und der Zuschauer hat das Gefühl, als würde er sich selbst durch den Raum bewegen.

Höhepunkte einer Kamerafahrt ist die sogenannte „entfesselte Kamera", bei der sie vom Stativ genommen und – z.B. in einer Tanzgruppe mitbewegt und geführt – selbst agierender Faktor wird. Da kommt Leben in die Aufnahme.

Die Totale

Jedes gezeigte Filmbild ist ein Ausschnitt der Wirklichkeit, der von der Kamera bzw. vom Kameramann gewählt und festgelegt wurde. Je nachdem, ob ein Bildausschnitt mehr oder weniger Wirklichkeit zeigt, wählt man die Einstellungsgröße aus, deren größter möglicher Rahmen die Totale bildet. Mit ihr kann man dem Zuschauer den Ort der Handlung vorführen, ihm eine Orientierung erleichtern und ihn in das Geschehen einführen. Nützlich ist sie am Anfang eines Films, wo sie – meistens mit stimmungsvoller Musik – Landschaften oder Stadtszenerien vorstellt. Wichtig ist, diese Bilder länger stehen zu lassen, da sie eine große Informationsfülle beinhalten, die vom Zuschauer zur Kenntnis genommen und verarbeitet werden will.

Gerade für Gruppenbilder eignet sich die Halbtotale besonders gut.

Die Halbtotale

Hiermit führt man den Betrachter näher an das Objekt heran, ermöglicht ihm erste Charakterisierungen und schränkt das Blickfeld der Totalen etwas ein. Im Videofilm ist diese Einstellung geeigneter als eine Totale, da die Auflösung des Videobildes beschränkt ist und bei ihr Details unterschlagen werden.

Die Halbtotale ist somit „Videoadäquat": Die Darsteller haben Spielraum, links und rechts bleibt Platz für das Erkennen der jeweiligen Örtlichkeit bzw. den Schauplatz der Handlung.

Sie grenzt auch an eine sehr beliebte Einstellungsgröße, die „amerikanische“. Kein Witz: Sie bezeichnet den Ausschnitt vom Kopf bis zum Colt.

Die Großaufnahme

Die Großaufnahme stellt die aufgenommene Person in den Vordergrund und fesselt den Zuschauer besonders.

Ganz bewußt lenkt die Groß-Einstellung die Aufmerksamkeit des Zuschauers auf das Mienenspiel der Darsteller. Hier erscheint der menschliche Kopf bildfüllend, an ihm kann der Zuschauer nicht vorbeischauen.

Mit ihr hat man die ausdrucksstärkste Form zur Verfügung. Sparsam und gezielt eingesetzt, charakterisiert sie somit Höhepunkte der Handlung. Schonungslos wie ein Seziermesser deckt sie intime Regungen auf, eliminiert alles gekünstelte und stellt das Objekt in den Mittelpunkt. Achtung: Sie ist auch wie ein Joker, der durch rechtzeitiges Ziehen verrät, ob der Spieler bzw. Kameramann sein Handwerk beherrscht.

Außenaufnahmen

Die ganze Welt liegt einem Videofilmer zu Füßen, wenn er die eigenen vier Wände verläßt, um Dokumentarisches oder Inszeniertes, Arbeit oder Freizeit, Natur oder Technik einzufangen. Trotzdem ist auf ein paar Dinge zu achten, damit man keine bösen Überraschungen erlebt.

Das fängt mit dem Reserve-Akku an, wenn man vermeiden will, daß mitten in der schönsten Prärie der Sucher plötzlich zappenduster wird, und hört mit der Reserve-Leerkassette auf.

Daneben sollte man sich rechtzeitig informieren, damit man nicht am Flughafen steht und nicht weiß, ob im Gastland Kameras überhaupt erlaubt sind, oder ob die Flughafen-Sicherheitskontrolle nicht schon das Mitnehmen der Anlage verbietet. Klar, daß man sich auch um die Netzspannungen der Länder Gedanken machen sollte, wenn man den Akku wieder aufladen möchte. Und last not least hilft ein wenig Tesafilm, ein Schraubenzieher und ein Stück Blumendraht, kleinere Funktionshürden zu nehmen, wenn beispielsweise mal was klemmt oder wackelt. Ein Farbkontroll-Monitor schützt schließlich vor unliebsamen Überraschungen, sollte es der Camcorder mit der Wahrheit etwas zu bunt treiben.

Innenaufnahmen

Hier kann man ruhigeren Herzens zu Werke gehen, denn es ist ja alles verfügbar. Mühelos lassen sich Steckdosen für die hier notwendigen Filmleuchten finden, der Fußboden kann für Kamerafahrten hervorragend präpariert werden, und der Tonmann erlebt keine bösen Überraschungen durch Tiefflieger oder Blaulichtsirenen, wie sie im Freien drohen.

Trotzdem: Der Sicherungskasten sollte den hohen Leistungsbedarf der Filmleuchten verkraften, das Telefon sollte vor Drehbeginn ausgesteckt werden, und der Ehepartner oder Lebensgefährte sollte zumindest gute Miene zum bösen Spiel machen. Sonst droht das ganze ein Film aus dem echten Leben zu werden. Aber das sind ja auch schon Kinoerfolge geworden...

Für Innenaufnahmen ist eine Zusatzbeleuchtung für Videoaufnahmen nahezu unentbehrlich. Licht bringt Farbe ins Bild.

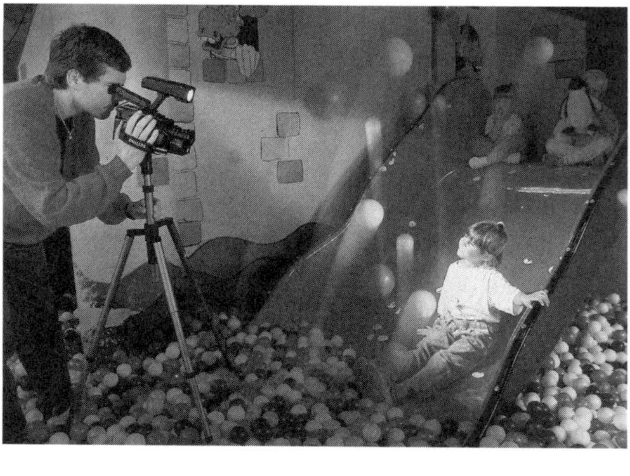

Licht und Kontrast

Natürliches Licht und die normale Zimmerbeleuchtung reichen oft nicht aus, um gute Videoaufnahmen zu garantieren. Ohne zusätzliche Leuchten geht es selten. Schon bei Goethe ist zu lesen, „wo viel Licht ist, ist auch viel Schatten". Doch „das Licht ist nur ein Problem des Ausleuchtens. Die Schatten werden durch die Lichtmenge oder besser gesagt durch eine geringe Lichtmenge hervorgerufen. Die hohe Erwartungshaltung vieler Videografen bezüglich der Lichtstärke wurde durch das Überbetonen von Technischen Daten hervorgerufen.

Lux ist der Fachbegriff für die Lichtintensität. Da sich kaum jemand etwas unter dem abstrakten Begriff vorstellen kann, hier noch einmal eine Definition dazu: Das Licht einer Kerzenflamme von drei Zentimeter Höhe produziert auf einer Fläche, die einen Meter entfernt und einen Quadratmeter groß ist, genau 1 Lux. Alle Camcorder-Hersteller werben mit extrem niedrigen Mindestlichtstärken von etwa 6 bis 10 Lux und erwecken so den Eindruck, daß bei „Kerzenlicht" gut zu videografieren sei. Prinzipiell ist es richtig, daß auch bei Kerzenlicht gefilmt werden kann. Am Schönsten wird dabei die Kerzenflamme. Alles andere ist tiefschwarz oder elektronisch verstärkter grieseliger „Schnee". Ganz offensichtlich wird es, wenn man einmal im dunklen Raum eine Kerze ansteckt und die Videokamera – vieleicht sogar direkt am Fernsehgerät angeschlossen – laufen läßt. Dann sollte man einmal das Monitorbild und das Ergebnis am Fernsehgerät vergleichen. Erst wenn eine Glühbirne dazugeschaltet wird, erscheint langsam der Raum, sieht man Konturen. Auch wenn eventuell auf dem SW-Monitor des Camcorders schon erstaunlich viel Graunuancen erkennbar sind, in der Farbwiedergabe sieht es immer noch so aus, als hätte die Aufnahme einen Grauschleier. Ferner ist die Schärfentiefe äußerst gering, da die Blende voll geöffnet sein muß. Auch Nachzieheffekte treten bei geringen Lichtmengen erstaunlich schnell auf. Ab etwa 300 Lux Grundbeleuchtung sind dann Farben erkennbar. Ein sauberes brillantes Videobild ent-

„Das Licht einer Kerzenflamme produziert auf einer ein Meter entfernten Fläche von ein Quadratzentimeter genau ein Lux"

steht jedoch erst, wenn ausreichend Licht vorhanden ist. Das ist bei etwa 800 Lux der Fall. In Abwandlung des bekannten Zitats von Goethe muß es fürs Videografieren also zuallererst heißen: Nur wo Licht ist, ist auch Farbe.

Aber die Farben stimmen nur, wenn nicht Lichtquellen unterschiedlicher Farbtemperatur miteinander gemischt werden. Eine Szene am Fenster, vor dem von außen hereinstrahlenden Tageslicht, kann mit einer Videoleuchte nicht farbstichfrei ausgeleuchtet werden. Da versagt der perfekteste Weißabgleich. Die Problematik der Lichtmischung von Tages- und Kunstlicht ist jedoch verhältnismäßig schnell zu lösen, wenn der Videograf einmal den Unterschied der Farbtemperaturen kennt und Licht nicht nur als Helligkeit, sondern auch als Stimmungs- und Farbmacher einsetzt. Doch davon später.

Ausleuchtung bei Innenaufnahmen

Bei Innenaufnahmen hängt die Bildqualität entscheidend von der Ausleuchtung und damit manchmal auch von der Anzahl der Filmleuchten ab. Der Camcorder kann zwar innerhalb eines erstaunlich großen Helligkeitsbereichs richtig belichten, doch er kann nicht feststellen, ob optimal und richtig ausgeleuchtet wurde. Das bedeutet, daß einmal das Motiv dramaturgisch richtig und die Gesamtszene relativ gleichmäßig ausgeleuchtet werden sollte. Diese gleichmäßige Ausleuchtung ist beim Filmen mit Camcordern wesentlich wichtiger als man allgemein glaubt. Denn im Gegensatz zum Chemiefilm der Fotografie verkraftet die Camcorderelektronik keinen größeren Kontrastumfang als 1:16. Das bedeutet, wenn maximale technische Qualität angestrebt wird, darf der Helligkeitsunterschied zwischen der dunkelsten und hellsten Bildpartie bei Videoaufnahmen nur einen Blendenunterschied von maximal vier Blendenstufen betragen. Durch gezieltes Ausmessen bei Teleeinstellung des Vario-Objektivs, zum Einen der hellsten Motivstellen – der Lichter – und zum Anderen der dunkelsten – der Schattenpartien – läßt sich der Unterschied sehr schnell und präzise feststellen. Gerade Anfängern und wenig Geübten ist dieses regelmäßige Ausmessen dringend zu empfehlen. Damit entwickelt sich wesentlich besser ein Gefühl für den Motivkontrast und ebenso für die „technisch" richtige Ausleuchtung.

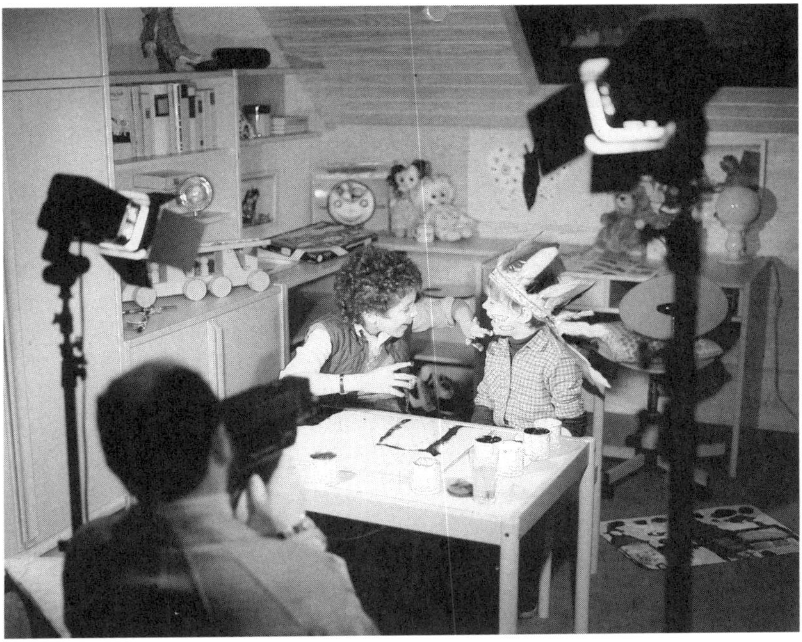

Doch bevor es ans Ausleuchten geht, sollte man sich über die Absicherung des Stromkreises informieren. Moderne Wohnungen sind heute meist mit 16 Ampere abgesichert und können mit maximal 4000 Watt belastet werden, bei 10 Ampere lassen sich immerhin noch 2200 Watt anschließen. Ist jedoch die Wohnung nur mit 6 A abgesichert, dann dürfen nur 6 A mal 220 V = 1320 Watt angeschlossen werden. Gerade im letzten Fall ist es sinnvoll, herauszufinden, ob die Steckdosen in einem anderen Raum durch eine andere Sicherung abgesichert sind. Mit einem Verlängerungskabel könnte dort ein Teil der Filmscheinwerfer angeschlossen werden. Aber auch in diesem Fall sollten die Lampen und Leuchten einzeln und nacheinader eingeschaltet werden. Sekundenabstände sind ausreichend. Der Grund: Glühfäden haben im kalten Zustand einen kleineren Widerstand, und wegen des erhöhten Einschaltstromes reicht unter Umständen die Absicherung nicht aus. Die häufigste Aufnahmesituation, die „Zusatzlicht“ verlanget, ist die Aufnahme in Innenräumen. Hier

Licht bringt Farbe ins Bild. Obwohl moderne Camcorder auch bei wenig Licht aufzeichnen können, wird die Bildqualität durch Einsatz von Videoleuchten deutlich gesteigert.

gibt es vier grundsätzliche technische Möglichkeiten des Ausleuchtens, für die man sich entscheiden kann.

1.: Die Videoleuchte, die mit einer Niedervolt-Quarzlampe bestückt ist und am Netz oder durch einen Akku betrieben wird.

2.: Eine starke Glühlampe oder eine spezielle Fotoleuchte, vielfach auch als Nitraphot-Lampe bekannt, die in einer Klemm-Leuchte verwendet wird.

3.: Die Halogenleuchte, die zwischen 500 und 2000 Watt Licht liefert. Sie ist mit oder ohne Ventilator erhältlich und liefert ausreichend Licht für einen ganzen Raum.

4.: Ein Breitstrahler, der ein Quarzhalogenlicht abstrahlt, liefert etwa 1000 Watt Lichtleistung. Es kommt als verhältnismäßig diffuses Flutlicht zur Wirkung.

Im Folgenden nun die Vor- und Nachteile der einzelnen Lichtquellen sowie ihre jeweils sinnvolle technische und gestalterische Aufgabe beim Videografieren:

Die Videoleuchte

Die Videoleuchte ist sicherlich die beliebteste Lichtquelle überhaupt. Sie hat in vielen Fällen, auch bei Außenaufnahmen als Akkuleuchte, ihre Berechtigung. Bei Innenaufnahmen sollte sie nur zur Unterstützung der Grundbeleuchtung eingesetzt werden. Ihre vergleichsweise schwache Aufhellwirkung allein ist oft für Innenaufnahmen zu gering, fügt sich aber normalerweise harmonisch in die sonstige Beleuchtung ein. Gerade wenn das Grundlicht nicht extrem hell ist, profitieren besonders bewegte Motive von diesem Zusatzlicht. Als alleiniges Aufhell-Licht wird eine Videoleuchte, zum Beispiel bei Gegenlichtaufnahmen am Fenster oder zur Unterstützung von Kerzenlichtsituationen, zum Einsatz kommen.

Die bereits erwähnten vier Blenden Helligkeitunterschied für optimale technische Qualität gelten natürlich auch bei Außenaufnahmen. Deshalb sollte die Videoleuchte, wenn sie mit Akku zu betreiben ist, stets mitgenommen werden. Bei allen nicht zu großflächigen Motiven, die im Schatten spielen, ist ihr gebündeltes und verhältnismäßig hartes Licht trotz seines Kunstlichtcharakters gut farbverbessernd einzusetzen. Gerade bei Porträtaufnahmen wird dadurch die Hautfarbe besser wiedergegeben. Sie wirkt warmtoniger.

Der Markt der Videoleuchten, besonders der akkubetriebenen, ist in den letzten Jahren boomartig explodiert. Das Angebot reicht von 6-Volt/15-Watt- bis zu 300-Watt-Leuchten. Die starken Videoleuchten haben meist ein Gebläse, dessen Ventilatorgeräusche leicht vom Mikrofon mitaufgezeichnet wird. Doch auch hier gibt es bereits die ersten 300-Watt-Videoleuchten die ohne Ventilator, daher ohne Geräusch leuchten.

Eine Vielzahl der verschiedensten Features zeigt deutlich, welchen hohen Stellenwert die Akkuleuchten für Industrie und Filmer haben. So wurden zuerst die Reflektoren verbessert. Durch computergerechnete optimierte Reflektoren gibt es erstaunlich gleichmäßig verteiltes Licht, für den Weitwinkelbereich wie für die Tele-Einstellung. Der gefürchtet „hot spot“, bei der die Bildmitte volles Licht erhält und von dort kreisförmig zum Bildrand immer weniger ausgeleuchtet wird, erhält man nur noch bei den einfachen und den billigsten Leuchten. Viele Videoleuchten sind schwenkbar, damit auch indirektes Beleuchten möglich ist. Doch wird man darauf verhältnismäßig selten zurückgreifen. Außer vielleicht bei Nahaufnahmen oder Szenen, die sich in maximal 1 Meter Entfernung vor dem Camcorder abspielen. Doch auch dann ist es nicht immer notwendig, zumindest nicht aus Gründen der Belichtung, denn die Spitzengeräte unter den Videoleuchten haben eine eingebaute Elektronik und einen Sensor, die die benötigte Lichtmenge berechnen und die Lampe in der Helligkeit steuern. So erhält jedes mit Zusatzlicht versehene Sujet einen größeren Detailreichtum und erstrahlt mit mehr Farbintensität.

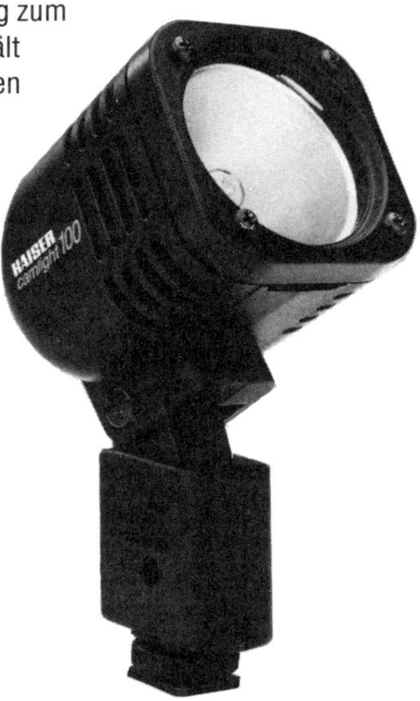

Auf den Zubehörschuh der Camcorder lassen sich Videoleuchten wie das Camlight 100 von Kaiser aufstecken.

Der Trend im Bereich der Videoleuchten geht ganz eindeutig dahin, daß die Videoleuchte im Zubehörschuh des Recorders untergebracht und mit einem Akku betrieben wird. Dabei wird immer mehr Wert auf universelle Stromversorgung gelegt. So gibt es für eine Vielzahl von Leuchten bereits die verschiedensten Akkus, Blei- oder NiCad, Netzgeräte und Anschlüsse für die Autobatterie. Ferner ist festzustellen, daß Camcorder-Akku und Lampen-Akku zum Teil bereits untereinander austauschbar sind. Das ist ein nicht zu unter-

Ideal für die indirekte Beleuchtung: das Kaiser Camlight 35. Sie läßt sich um 90° nach oben schwenken.

schätzender Komfort.Vor allem, wenn man in Situationen kommt, bei denen man stunden- oder tagelang keinen Zugang zu einer Steckdose hat, wie etwa während eines Segeltörn. Je nach Stromversorgung liegt die Brenndauer der Akku-Videoleuchte zwischen 10 und 50 Minuten. Eventuell vorhandene Klappen (oder als Zubehör erhältliche) sind nicht etwa dazu gedacht, die Helligkeit zu steuern, sondern sind Hilfsmittel für eine präzise Lichtführung. Tore nennen die Profis diese Metallklappen, die weniger bei Akkuleuchten, als bei den später aufgeführten Strahlern und Leuchten wichtig sind. Aus Sicherheitsgründen sollte immer ein Sicherheitsglas oder ein anderer Splitterschutz vor der Akku-Leuchte vorhanden sein. Denn die Quarzlampen können beim Einschalten durchbrennen und explodieren. Alle Quarzlampen sind äußerst empfindlich gegen Verschmutzungen am Glaskörper. Schon der Schweiß der Finger, wenn man sie ungeschützt eingesetzt, sorgt für verhältnismäßig schnelles Durchbrennen. Deshalb werden die Ersatzlampen auch stets in Folie verpackt, die erst nach dem Einsetzen zu entfernen ist. Ein leichter Geruch oder deutliches Dampfen der Quarzlampe beim ersten Einschalten ist nichts außergewöhnliches.

Grundausleuchtung

Bei Innenaufnahmen besteht das Hauptproblem darin, die allgemeine Raumhelligkeit überall dort auf die notwendige Intensität zu erhöhen, wo das Filmgeschehen stattfindet. Das bedeutet einen größeren Aufwand an Ausleuchtung und ist nicht mit einer aufgesetzten Videoleuchte zu erreichen. Das Gesetz vom Lichtabfall im Quadrat der Entfernung gilt auch für viele Leuchten. Das bedeutet, daß ein von einer punktförmigen Lichtquelle ausgehender Lichtstrom in seiner Stärke quadratisch zur Entfernung von dieser Lichtquelle abnimmt. Hat die durch diesen Lichtstrom bewirkte Beleuchtungsstärke in einer bestimmten Entfernung die Größe 1, so hat sie in der zweifachen Entfernung nur noch die Größe 1:22 =1/4 und in dreifacher Distanz nur noch 1:32 =1/9. Eine kleine Niedervolt- oder Halogenlampe kann als

Präzise Lichtführung erlaubt die mit vier Klappen versehene Videoleuchte Camlight 50 SP von Kaiser.

punktförmige Lichtquelle gelten und mit ihr gibt es immer wieder Beleuchtungsprobleme. Dies ist die eigentliche Ursache dafür, daß der Hintergrund – gerade auch bei Innenaufnahmen – immer wieder den Eindruck aufkommen läßt, es handle sich um Nachtaufnahmen.

Mehr als ein Notbehelf gegen jeden zu dunklen Hintergrund ist eine spezielle Fotoleuchte, die auch als Nitraphot-Lampe bekannt ist. Solche Glühlampen haben verspiegelte Innenflächen und mattierte Frontseiten, die durch eine Spezialbeschichtung die korrekte Farbtemperatur erhalten. Diese Lampen werden als (blaue) Tageslicht- oder Kunstlicht-Typ angeboten.Sie sind bei einer Lichtleistung von 60 oder 100 Watt gut zur Ausleuchtung von Titel-, Repro- oder Nahaufnahmen geeignet. 150 oder 250 Watt sind als Aufheller ausreichend oder für ein Spitzlicht geeignet. Bei 500 Watt Leistung können sie eine preiswerte und interessante Beleuchtungsalternative für die Grundbeleuchtung in Innenräumen sein. Wegen der hohen Hitzeentwicklung sollten die 500-Watt-Reflektorlampen nicht länger als fünf Minuten leuchten. Sie sind sehr einfach in Verbindung mit einer Klemm-Leuchte zu verwenden. Solche Klemmleuchten bestehen eigentlich nur aus einer Lampenfassung und einer stabilen Klemme. Komfortablere haben noch ein zusätzliches Gelenk, das die Beweglichkeit und die Möglichkeiten der Verstellung erhöht. Wenn es der Raum erlaubt, werder solche Lampen hinter dem oder seitlich vom Fotografen, in jedem Fall verdeckt, aufgebaut. Ihr Licht wird auf eine (weiße oder farblose) Seitenwand oder zur Decke gerichtet. Da es sich, wenn das Licht von der Decke reflektieren wird, nicht mehr um eine punktförmige Lichtquelle handelt, hat auch das Gesetz vom „Lichtabfall im Quadrat der Entfernung“ keine Gültigkeit. Der Raum läßt sich gleichmäßig ausleuchten und zwar umso besser, je größer die angestrahlte Fläche an der Decke (oder der Seite) ist. Damit der Hobbyfilmer darauf präziser Einfluß nehmen kann, gibt es Leuchten, die statt mit der Klemme mit einem Stativgewinde ausgerüstet sind. Nicht der Aufbau auf eine Stativ ist der primäre Vorteil, sondern daß es für die Stative sogenannte Studioschirme gibt. Entweder in der Durchsicht oder voll refelektierend streuen sie das Licht besonders gut. Schlagschatten treten so weniger auf.

Halogen-Lampen

Diese Reflexschirme sind ebenfalls sehr zu empfehlen für Halogenleuchten, die es bis etwa 2000 Watt gibt. Zum Teil gibt es für diese Halogenleuchten eigene Reflektoren und „Lichtwannen“, um ein besonders weiches Licht zu erzeugen. Ja selbst für das genaue Gegenteil, für einen klar bestimmbaren Spot, ist diese Lampenart mittlerweile als fokussierbare Spotleuchte umzubauen. Auch wenn das Laufgeräusch der Ventilatoren auf ein kaum hörbares Minimum reduziert werden konnte, sollte darauf geachtet werden, daß kein Mikrofon in der Nähe ist.

Halogenleuchten sind, da es Tageslichtfilter, Klappen und Vorsätze für sie gibt, auch für spezielle Beleuchtungsarten einzusetzen. Doch ihr Hauptaufgabengebiet dürfte das Schaffen einer Grundhelligkeit sein. Direktes Licht – ohne jede Veränderung – ist selten empfehlenswert. Denn die Halogenleuchten erzeugen ein verhältnismäßig hartes Licht, das hinter Gegenstände und Personen schwere Schatten wirft. Es ist also eher als Hintergrund- oder Aufhellungslicht geeignet und ist dank seiner Lichtintensität gut für indirekte Beleuchtung über die Decke zu nutzen. Besonders Kinder gewöhnen sich sehr schnell an diese Lichtart. Meistens sind mindestens zwei Leuchten notwendig, um eine Decke gleichmäßig hell anzustrahlen. Doch Vorsicht! Rein von oben reflektierendes Licht verstärkt die Schatten an Augenhöhlen. Auch die Nase kann unnatürliche Schatten werfen. Eine kleine Akkuleuchte auf der Kamera zum Aufhellen der drohenden Schatten schafft Abhilfe. Vor einer zu hellen, Raumausleuchtung sollte ebenfalls gewarnt werden, denn die

Hitzeentwicklung mehrerer großer Lampen kann schnell den Mitwirkenden den Videospaß nehmen und die Stimmung nachhaltig zerstören. Bei Festlichkeiten könnte man zum Beispiel rings um die Kaffeetafel ein paar 250 Watt-Lampen und auf der Videokamera eine Akkufilmleuchte verwenden.

Breitstrahler

Aus manchem Schaufenster kennt man extrem helle Halogenleuchten, die es für viele Aufgaben auch als Breitstrahler gibt. Auch wenn sie als Tageslicht- der Kunstlichtleuchten angeboten werden, muß man vorsichtig sein, wenn es keine reinen Foto- oder Videoleuchten sind. Der Grund dafür ist, daß die Farbtemperatur nichts über die spektrale Zusammensetzung des Lichts aussagt. Ist diese nicht gleichmäßig, kann es zu unerklärlichen Farbstichen kommen. Die meisten dieser Breitstrahler lassen sich jedoch gut als „Flutlicht" diffus streuen und sorgen so für eine gute Grundhelligkeit.

Die Grundhelligkeit ist auch für eine Porträtaufnahme wichtig und mit weiteren Leuchten erfolgt zusätzlich die dramaturgische Ausleuchtung. Als Grundregel läßt sich festhalten, daß Aufhellicht nur maximal halb so intensiv sein sollte wie das Hauptlicht. Feststellbar ist das durch den Belichtungsmesser, der für die aufgehellte Schattenpartie dann eine Blende weniger anzeigen darf als für das ausgeleuchtete Motiv.

Besonders hingewiesen werden soll außerdem noch einmal auf das Hintergrundlicht. Ähnlich wie ein Effektlicht hat es die Aufgabe, die Personen und Gegenstände vom Hintergrund zu lösen. Ausreichend helles Hintergrundlicht sorgt auch dafür, daß es keine zu großen Farbsprünge in den Szenen gibt. Dies wirkt besonders bei wechselnden Bildausschnitten störend. Die Beleuchtungsstärke für den Hintergrund soll jedoch deutlich hinter

Professionelle Studioausleuchtung ermöglicht die Kaiser Studiolight 2000 Videoleuchte mit 2000 Watt Lichtleistung Vierklappentorvorsatz, Filterfächern und Sicherheitsgebläse.

der Beleuchtung für das Hauptmotiv zurückbleiben und ist besonders effektiv, wenn sie den Hintergrund weich ausleuchtet. Manchmal reicht es schon aus, kleine Lichtinseln in den Hintergrund einzubauen, etwa dort vorhandene Raumlampen einzuschalten oder mit stärkeren Glühlampen zu versehen.

Als Effektlichter werden besondere Lichterscheinungen bezeichnet, die meist mit einer zusätzlichen Leuchte geschaffen werden, wie etwa Lichtsäume, Lichtflecken oder Spitzlichter.

Für Reportage und Interview gibt es ebenfalls eine Beleuchtung, die sich bestens bewährt hat. Wenn beipielsweise zwei Personen beim Interview gefilmt werden sollen, kommen zwei Leuchten zum Einsatz. Sie werden im Winkel von 30 Grad zum Motiv ausgerichtet und strahlen von oben nach unten. Sie liefern für eine Person das Vorderlicht und für die andere das Hinterlicht und umgekehrt.

Ganz zu Beginn dieses Kapitels wurde darauf hingewiesen, daß man bei Kerzenlicht außer der Kerzenflamme nichts gut videografieren kann. Doch wenn man richtig ausleuchtet, geht auch das: mit dem sparsamen Licht einer Videoleuchte, eventuell gedämpft und durch Klappen im Streubereich eingeengt, denn sie darf keinen eigenen Schatten werfen und soll nur das Licht der Kerze verbessern. Steht die Kerze im Kerzenhalter auf dem Tisch, kann der Lichtkegel der Akku-Leuchte als Verstärkung von der Decke kommen und so die Schatten des Kerzenlichts und die Szenerie andeutungsweise aufhellen.

Zum Akku

Ohne „Saft“ sind keine Aufnahmen möglich. Dieses Elexier liefert der Akku. Er ist der einzige echte Störenfried beim Videografieren. Garantiert meldet er stets an der falschen Stelle, daß er nicht mehr ausreichend Strom liefern kann. Seine Kapazität hängt von seiner chemischen Zusammensetzung und von seiner Größe ab: Ein Mini-Akku hat eine Kapazität von 1000 Milliampere pro Stunde (mAh), und die größte Kapazität liegt zur Zeit bei etwa 2400 mAh. Wem das nicht ausreicht, muß von vornherein Reserveakkus, die es zwischen 50 und 150 Mark gibt, mit einplanen oder sogar einen Akku-Gürtel (300 bis 400 Mark) anschaffen. Doch um tatsächlich von einem oder mehreren Akkus die maximale Leistung zu erhalten, sollte der Videograf einige

Nicht nur für Raucher praktisch ist der Zigarettenanzünder des Autos, sondern auch zum Aufladen von Camcorder Akkus.

Grundregeln beachten. Gerade vom Anfänger wird wesentlich mehr Strom verbraucht, als sinnvoll und wünschenswert ist. Etwa wenn der Camcorder nicht abgeschaltet wird. Bei jeder Aufnahmepause rotiert die Kopftrommel, produziert der Suchermonitor ein Bild und verstellt der Autofokusmotor die Fokussierlinsen, sobald sich etwas vor dem Objektiv bewegt. Ja selbst ein häufiges Hin- und Herfahren mit dem Zoom-Objektiv und das Betrachten der gedrehten Szenen sorgen für erhöhten Stromverbrauch. Dazu kommt ferner die unangenehme Eigenschaft aller Akkus – die permanente Selbstentladung. Seine größte Ausbeute an Energie liefert der Akku bei einer Umgebungstemperatur von etwa 20°. Bei minus 20° reduziert sich seine Leistung auf die Hälfte. Und wenn der Akku mehrere Monate nicht benötigt wird, kann die Selbstentladung soweit gehen, daß danach keine vernünftige Aufladung mehr möglich ist. Sollte einer der Einzel-Akkus (Camcorder-Akkus bestehen stets aus mehreren Akkus) in die Tiefentladungszone geraten sein, ist leider überhaupt keine Aufladung mehr möglich.

Ein Akku kann eigentlich über 1000 mal aufgeladen werden und verdient deshalb etwas Aufmerksamkeit. So erreicht ein fabrikfrischer Akku erst nach mehreren (richtigen) Ladezyklen sei-

Wahlweise aus der Steckdose oder dem Zigarettenanzünder im Auto holt sich der Hama Camcharger seine Energie zum Aufladen der Akkus von Camcordern oder Videoleuchten.

ne größtmögliche Speicherkapazität. Aus diesem Grunde sollte er erst einmal aufgeladen und dann, möglichst im Camcorder, wieder entladen werden. Wenn diese Prozedur zwei- bis dreimal hintereinander durchgeführt wurde, liefert der Akku Höchstleistung. Da längerer Nichtgebrauch die chemischen Vorgänge innerhalb des Akkus verlangsamt, ist dieser Vorgang nach einigen Monaten Nichtgebrauch möglichst zu wiederholen. Doch nicht mit erneutem Laden beginnen, sondern den Akku erst entleeren! Der Akku hat ferner eine Art „chemisches Gedächtnis", das vielfach auch als Memory-Effekt bezeichnet wird. Wenn man beipielsweise einen Akku nachlädt, obwohl er gar nicht entleert ist, dann merkt er sich das, und liefert in Zukunft nur noch einen Teil des gespeicherten Stroms und behauptet viel zu früh: Akku leer. Deshalb sollte ein Akku durch „Arbeit" entladen werden, bevor er wieder ans Netz kommt. Dies gilt für alle wiederaufladbaren Akkus, ganz gleich für welchen Zweck sie eingesetzt werden.

Die Zubehör-Industrie kennt natürlich die Vorsicht des Verbrauchers beim Umgang mit Akkus und hat darum vielfach Netz-/ und Ladegeräte entwickelt, die den Akku erst mittels raffinierter Schaltkreise überprüfen und entladen, um ihn anschließend dann voll aufzuladen. Doch wer sich nicht sicher ist, ob sein Ladegerät diesen Komfort aufweist, sollte unbedingt nur entladene Akkus wieder ans Stromnetz hängen und auch auf Überladung achten. Überladung kann es geben, wenn ein fast voller Akku ans Netz geht oder wenn er zu lange zur Nachladung angeschlossen ist. Wenn der Akku beim Nachladen übermäßig warm wird, ist von einer Überladung auszugehen. Im Inneren findet hier bereits wieder eine Entladung statt. Unter Umständen kann dann auch schon das Sicherheitsventil ansprechen und den entstehenden Überdruck ablassen. Ob die Gefahr des Überladens gegeben ist, kann der Gebrauchsanweisung des Ladegerätes entnommen werden. Ansonsten ist ein überladener Akku, genau wie ein tiefentladener, nicht mehr brauchbar und sollte umweltfreundlich als Sondermüll entsorgt werden.

Licht und Farbtemperatur

Kelvin ist die Maßzahl für die Farbtemperatur. Damit wird die Energieverteilung einer Lichtquelle, die spektrale Zusammensetzung des für die Aufnahme verwendeten Lichts angegeben. Die Kelvin-Skala beginnt beim absoluten Nullpunkt von Minus 273 Grad Celsius. Ihre Graduierung entspricht der Celsius-Skala. Bei strahlendem Körper besteht ein Zusammenhang von Temperatur und Farbe. Beispiel: Rotglühendes Eisen hat eine Temperatur von etwa 800 Grad Celsius, eine Farbtemperatur von ca. 527 Kelvin, gelbglühendes etwa 1000 Grad Celsius (727 Kelvin), und bei der Schmelztemperatur von circa 1500 Grad Celsius ist Eisen weißglühend, hat eine Farbtemperatur von etwa 1300 Kelvin. Bei steigenden Temperaturen erhöht sich der Blauanteil des Lichts, umgekehrt, beim Sinken der Farbtemperaturen steigt der Rotanteil. Diese Farbänderungen treten als Farbstich auf, wenn das Aufnahmelicht eine andere Farbtemperatur hat, andere Kelvin-Werte als die Grundeinstellung des Weißabgleichs verlangt. So zeigt das Bild einen zu großen Rotanteil (Orange-Farbstich), wenn das Aufnahmelicht einen niedrigeren Kelvinwert als das Tageslicht hat, und ein blauer Farbstich tritt bei höheren Kelvin-Werten auf! Je niedriger die Farbtemperatur, um so größer der Rotanteil. Mit zunehmenden Kelvin-Werten steigt der Blauanteil.

Die nachfolgende Tabelle zeigt, wie stark die Farbtemperatur schwanken kann. Bei Tageslichteinstellung (Standard) ergibt alles über 5500 Kelvin einen Blau-, unter 5500 einen orangen Farbstich. Bei Kunstlicht, je nach Grundprogrammierung dann bei Tageslichtsituation einen blauen und unter dem eingestellten Wert einen orangenen Farbstich.

Farbtemperatur (Verteilungstemperatur) einiger Lichtquellen

Lichtquelle	**K**
Kerzenlicht	2000
Glühlampe (100 Watt)	2800
Fotolampe Typ B (500 Watt)	3200
Halogen-Lampe	3400
Mondlicht	4100
Elektronenblitz	5500
Sonnenlicht mittags	6000-8000
bedeckter Himmel	6500-7500
blaues Himmelslicht	9000-18000

Adapterringe von Vivanco

▶

Farbstiche können mit Hilfe des Weißabgleichs oder mit Hilfe von Vorsatzfiltern, von Konversionsfilteren, korrigiert werden. Das Skylight-Filter, das vielfach noch ständig eingesetzt wird, ist solch ein Konversionsfilter, das an sonnigen Tagen (und damit bei höheren Farbtemperaturen) durch seine schwach rosafarbene Tönung dafür sorgt, daß die Schattenpartien nicht zu stark verblauen. Im Hochgebirge ist statt des normalen Skylight-Filters, das so gut wie keinen Verlängerungsfaktor hat, das stärkere KR 3 empfehlenswert. In den Tropen und im Hochgebirge, sollte ein UV-Filter, ein UV-Sperr-Filter, eingesetzt werden, da auch die Aufnahmechips für ultraviolette Strahlung empfindlich ist und diese als blaues Bild sichtbar macht. Aber auch ein UV-Filter sollte nicht ständig auf dem Objektiv belassen werden, da die meisten Qualitätsobjektive haben heute ja auch bereits eine eigene UV-Sperrschichtvergütung.

Für verbesserte Farben: das Vivanco Filterset und Speziallinsen.

Sämtliche beschriebenen Filter sind notwendig, wenn bei einer Aufnahme ein weißer Gegenstand, unabhängig von der Beleuchtung durch eine Lichtquelle, weiß bleiben soll. Ob das tatsächlich nötig ist, liegt in der Entscheidung des Videografen. Bei Reproduktionen und wichtigen Dokumentationen wird man versuchen, diesen Idealzustand zu erreichen. Bei bildmäßiger Gestaltung kann dieses Thema großzügiger angegangen werden. Ein Zuviel des guten (zuviele Filter) kann jede Stimmung beseitigen. Selbst im Sprachgebrauch ist von einer blauen Stunde, von blauer Abenddämmerung die Rede. Ein Farbstich, der damit zur Stimmung des Motivs notwendig ist, nach kreativen Gesichtspunkten sogar deutlicher sein müßte, sollte nicht durch Filterung beseitigt werden. Ferner darf nicht vergessen werden, wenn auch ein minimaler Farbstich über der gesamten Szene liegt, daß bei Schnitt und Weiterverarbeitung noch Korrekturen möglich sind.

Gute Vorsätze: Die Kaiser Filterlinsen

Schneiden und Nachbearbeiten

Zugegeben: Fast 95 Prozent aller Videofilmer tun's nicht – sie denken gar nicht daran, ihre selbstgedrehten Videos zu „schneiden". Sie schauen sie sich so an, wie sie aus dem Camcorder kommen, und legen die Kassette dann in irgendeine Schublade, womöglich „auf Nimmerwiedersehen", und das ist wirklich schade, denn in Ihrem Video steckt mehr.

Nun hört sich „Schneiden" ja auch irgendwie schreckenerregend an, sehr kompliziert und hochkünstlerisch und zudem noch teuer wegen des Schnittsteuerpults. Lassen Sie sich nicht beirren, der Eindruck täuscht gewaltig.

„Schneiden" heißt ja nichts anderes als: Ich überspiele die Teile des Videofilmes, die mir gut gefallen, oder die irgendwie für mich wichtig sind, von der Originalkassette (mit der ich „gedreht" habe) auf eine andere Kassette. Das ist alles.

„Schneiden heißt: Ich überspiele die Teile, die mir gut gefallen von der Originalkassette auf eine andere Kassette"

Gegen das Schneiden wird auch häufig angeführt, daß man beim Überspielen ja immer an Qualität verliert. Das ist richtig. Wieviel man allerdings an Qualität verliert, hängt stark von der Qualität des Originals ab. Technisch gute Originale lassen auch eine dementsprechend gute Kopien-Qualität zu.

Das ist mit ein wichtiger Grund, warum engagierte Videofilmer sich einen S-VHS- oder einen S-VHS-C-Camcorder kaufen: Auflösung (und damit Schärfe und Brillanz) und Farbreinheit sind dabei halt viel besser als bei Normal-VHS bzw. VHS-C.

Zudem ist fraglich, was einem Zuschauer stärker auf die Nerven geht: Der kleine Qualitätsverlust durchs Überspielen oder ein langes Video mit zahllosen Macken und endlosem Leerlauf.

Zum Schneiden brauche ich zunächst nicht mehr als:

● den Camcorder – den habe ich schon, sonst könnte ich ja nicht videofilmen;

● den Heim-Videorecorder, egal welchen Systems – Die meisten aller Videorecorder-Besitzer haben einen VHS-Recorder;

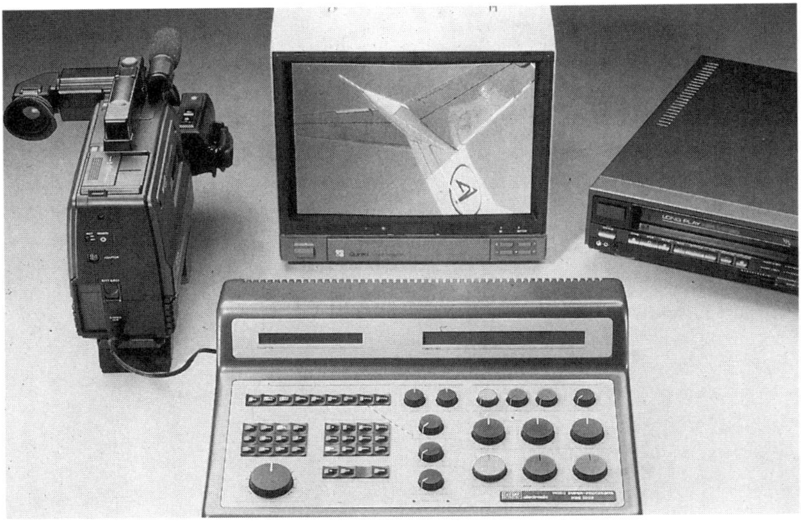

Das gehört zum Schneiden: Camcorder, Fernseher und Videorecorder. Noch bequemer geht es aber mit Schnittpult.

● das Farbfernsehgerät, weil ich kontrollieren will, welche Teile ich überspiele – habe ich auch;

● und zwei „flinke Daumen", mit denen ich Camcorder und Videorecorder starte und stoppe.

Schlimmstenfalls muß ich mir noch dieses oder jenes Kabel und diesen oder jenen Adapter besorgen. Aber mehr braucht man zunächst mal wirklich nicht zum „Schneiden".

Warum ist es so schade, daß kaum jemand seine Videoaufnahmen schneidet?

Nun, eine VHS-Kassette bietet eine Spielzeit von maximal 240 Minuten gleich vier Stunden. Die meistgekaufte und benutzte VHS-C-Kassette hat eine Spielzeit von 45 Minuten, also eine Dreiviertel Stunde. Schalte ich den Camcorder auf „Long Play-" Betrieb, wird die jeweilige Spielzeit verdoppelt.

Bei S-VHS liegt die maximale Spielzeit zur Zeit bei 180 Minuten; bei S-VHS-C ist 30 Minuten gebräuchlich. S-VHS-C-Camcorder bieten meist auch den Long-Play-Modus.

Selbst die kürzeste der hier genannten Spielzeiten ist sehr lang; für die Verhältnisse eines Videofilmers eine Ewigkeit lang – dann nämlich, wenn er nicht blindlings „draufhält" und „laufen läßt", sondern versucht, wirklich gute Aufnahmen zu machen.

Ein Thema – eine Kassette!

Nur ganz selten geschieht etwas, das optisch so viel hergibt, um eine ganze Kassette mit guten Aufnahmen zu füllen. Selbst auf einer Videosafari in Kenia, wo es vor tollen Motiven wimmelt, und wo wir von Sonnenauf- bis Sonnenuntergang unterwegs waren, haben wir pro Tag kaum mehr als 30 bis 40 Minuten „guter" Aufnahmen eingefangen.

Für unseren Video-Alltag aber heißt das: Wir bekommen fast nie eine Kassette „voll". Darum haben wir auf einer Kassette die unterschiedlichsten Ereignisse „verewigt".

Hat man Freude an der Videofilmerei, dann sammeln sich im Lauf der Jahre vier, acht oder noch mehr Kassetten an.

So, und nun stellen Sie sich vor, die Oma kommt zu Besuch, und Sie möchten ihr die Aufnahme zeigen, wo Klein-Mäxchen im Tierpark so goldig mit dem Zicklein gespielt hat. Suchen Sie die mal aus all den Kassetten heraus! Sie werden Ihr Geschick verfluchen. Und für die Oma wird die Video-"Vorstellung" eine Qual. Gegen solche Pleiten hilft nur eins: Sie überspielen sämtliche Aufnahmen von Klein-Mäxchen auf eine Kassette. Da ist aber noch was:

Verglichen mit dem Preis für einen Schmalfilm mit Ton ist die Videokassette spottbillig. Und: Verglichen mit den dreieinhalb Minuten Spielzeit einer Schmalfilm-Rolle bietet die Kassette eine riesige Spielzeit, in der sich viel tun kann.

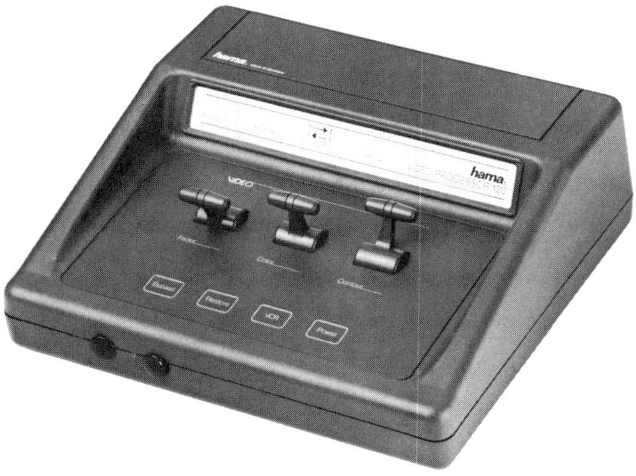

Der Hama Video Processor 120 hat zum Beispiel die Möglichkeit des Vergleichs korrigierter mit unkorrigierten Szenen.

Das ist ein Fluch, weil es dazu verleitet, den Camcorder sinnlos „draufzuhalten“, aber auch ein Segen, weil man es sich leisten kann, draufzuhalten. Denn:

- Oft, zum Beispiel auf dem Markus-Platz in Venedig oder auf dem Trafalgar Square in London, aber auch generell bei Gruppen-Reisen aller Art, haben wir Amateur-Videofilmer wenig oder gar keinen Einfluß auf das, was wann und wie abläuft.
- Gerade bei Kindern und nicht-dressierten Tieren weiß man nie, wann was wie passiert. (Man sollte erst gar nicht auf die Idee kommen, sie „inszenieren“ zu wollen, das geht mit Sicherheit schief.)

Das aber bedeutet: Selbst dem erfahrensten Videofilmer aller Zeiten, bei dem „Patzer“ wie Verwacklungen, Unschärfen etc. nicht vorkommen, selbst dem gelingen schlechterdings keine Aufnahmen ohne

- „Längen“ (in denen nichts passiert);
- „Blindgänger“ (es läuft einem jemand, zum Beispiel ein Hund oder ein Kind, blindlings ins Bild);
- „Doubletten“ (man nimmt bestimmte Aktionen mehrfach auf, schon um sie ganz sicher mitzubekommen).

Es wird für Ihre Gäste zum Alptraum, wenn Sie ihnen stundenlang Videos mit Längen, Blindgängern und Doubletten vorführen; Ihre mühsam gestammelten Entschuldigungen machen das Desaster nicht besser; „schneiden“ Sie lieber den ganzen „Schrott“ heraus; zeigen Sie Ihren Gästen zehn bis fünfzehn Minuten lang die besten, die absoluten Spitzenaufnahmen, und alle sind happy, und Sie sind der „King“.

Wie geht das Schneiden vor sich?

Sie haben Camcorder, Heim-Videorecorder und Fernseher (als Kontrollmonitor) miteinander verbunden, eingeschaltet und eingestellt (siehe dazu auch das Kapitel „Von Steckern, Buchsen und Adaptern“). Wenn Sie alles richtig gemacht haben, sehen Sie das Bild vom Wiedergabegerät (dem Camcorder) auf dem Fernsehbildschirm.

Am besten nehmen Sie als Wiedergabegerät Ihren Camcorder, denn die technische Qualität der Wiedergabe ist auf dem Gerät am besten, mit dem Sie aufgenommen haben. (Grund: Aufsprech- und Wiedergabe-Elektronik sind optimal aufeinander abgestimmt.) Sie müssen den Camcorder dazu auf „VCR“ schalten (siehe Kapitel „Tips, Tricks und Pannenhilfe“).

Sie suchen also auf der Originalkassette Anfang und Ende einer guten Einstellung. Der Anfang heißt „Einstieg“, das Ende „Ausstieg“. Sie notieren sich die Zählwerksnummern.

Nun legen Sie in das Aufnahmegerät (Ihren Heim-Videorecorder) eine Kassette ohne Löschsperre ein, fahren das Band im Camcorder auf den „Einstieg“ zurück und schalten das Aufnahmegerät auf „Aufnahme/Pause“. Nun drücken Sie möglichst gleichzeitig am Camcorder die „Play-“ Taste und am Heimrecorder die „Aufnahme/Pause-“ Taste. Die Überspielung läuft!

Der Blick auf das Bandzählwerk des Camcorders verrät Ihnen, wann der Ausstieg naht; Sie stoppen möglichst gleich- und rechtzeitig die Wiedergabe am Camcorder und die Aufnahme am Heim-Videorecorder.

Sie müssen also im Sinne des Wortes schnell schalten; drum nennt man's die Methode „flinker Daumen“. Nun wiederholen Sie das Ganze mit der nächsten „guten“ Einstellung, und so fort.

„Die technische Qualität der Wiedergabe ist auf dem Gerät am besten, mit dem Sie aufgenommen haben“

Hier allerdings muß ich Sie auf ein Problem aufmerksam machen; es hängt mit der Fähigkeit Ihres Heim-Videorecorders zum Assembleschnitt zusammen. „Assembleschnitt“ heißt, daß der Recorder eine Aufnahme an eine andere anfügt, ohne an der „Schnittstelle“ einen Bildfehler zu produzieren. Das hört sich leichter an, als es für den Recorder in Wahrheit ist. Wenn Sie im Lexikon den Abschnitt „Synchronimpuls“ lesen, ahnen Sie warum.

Es hängt a) vom Baujahr – die Technik hat Fortschritte gemacht – und b) vom Aufwand im Heimrecorder ab (also auch vom Preis), wie gut Ihr Recorder den schwierigen Assemble-Schnitt wirklich beherrscht:

- Sehr alte und billige Videorecorder können ihn meistens nur schlecht;
- Alte und nicht allzugute Videorecorder beherrschen den Assembleschnitt nur, wenn das Gerät im Modus „Aufnahme/Pause“ bleibt (stoppen Sie die Aufnahme ganz, dann sehen Sie später Fehler an der Schnittstelle).

Und das ist einer der wunden Punkte der Methode „flinker Daumen“: Der Heim-Recorder bleibt nicht beliebig lange im Modus „Aufnahme/Pause", sondern nur drei bis fünf Minuten. Dann schaltet er von selbst auf „Stopp".

(Grund: In dem Modus „Aufnahme / Pause" – und auch bei „Wiedergabe / Pause" gleich „Stehbild-Wiedergabe" – wird das Magnetband stark beansprucht – die Videoköpfe „radieren" immer über dieselbe Bandstelle.)

Sie müssen also, wenn Sie mit einem älteren oder nicht sonderlich hochwertigen Heimrecorder dieser Art arbeiten, die Ein- und Austiege sehr schnell finden, damit die einzelnen Überspielungen schnell genug nacheinander ablaufen.

Kein Problem – der Assemble-Schnitt

Gute, relativ neue Heim-Videorecorder haben mit dem Assemble-Schnitt kein Problem, auch nicht, wenn zwischen zwei Aufnahmen völlig abgeschaltet wurde; sie suchen automatisch auf dem eingelegten Band nach den letzten Synchronimpulsen, „takten" darauf ein und setzen die neue Aufnahme „im Takt" an – Sie sehen nachher an der Schnittstelle keinen Bildfehler.

Allerdings vermissen Sie unter Umständen an die zwanzig oder mehr Bilder am Ende der vorigen Aufnahme: Die hat der Videorecorder einfach beim Assemble-Schnitt weggelöscht. Daran müssen Sei denken – am besten schon beim Videofilmen:

„Wenn Sie Einstellung mit einem ausreichend langen Bild beginnen und beenden, haben Sie genug „Fleisch" zum Schneiden"

Wenn Sie jede Einstellung mit je einem ausreichend langen, ruhigen Bild beginnen und beenden, dann haben Sie ausreichend „Fleisch" zum Schneiden. Ein Beispiel für „Fleisch": Springbrunnen / Denkmal / Haus – ein Mensch kommt ins Bild – guckt – geht wieder weg – Springbrunnen etc. Sie können auch bewußt mit Unschärfe arbeiten: Unscharf – scharf – unscharf. Oder mit der Auf- und Abblend-Einrichtung (Fachausdruck: „Fade") an Ihrem Camcorder.

Es gibt tausenderlei Möglichkeiten, für „Fleisch" zum Schnitt zu sorgen. Eins aber ist hundertprozentig sicher: Wenn Sie Aufnahmen ohne ruhende Bilder am Anfang und am Ende schneiden wollen, tun Sie sich unendlich schwer – da können eigentlich nur „Brutalschnitte" herauskommen.

Wenn Sie nun noch an den Ton denken, genauer: an die Tonsprünge, die dabei herauskommen, wenn man Aufnahmen mit ganz unterschiedlicher akustischer Atmosphäre aneinandergeschneidet... Beispiel: Geschrei auf dem Marktplatz – Abendstille im Park..., dann ahnen Sie, daß das Schneiden durchaus eine Kunst sein kann.

Das alles soll aber nicht heißen, daß harte Schnitte, „Brutalschnitte", verboten sind – beim Film ist überhaupt nichts verboten, wenn man es ganz bewußt und gewollt macht. Kurzum: Der kluge Mann – und natürlich auch die kluge Frau – baut vor und denkt immer schon beim Drehen an den Schnitt. Zurück zu der mehr technischen Seite:

Der „flinke Daumen" ist, wie wir oben darzustellen versuchten, nicht der Weisheit letzter Schluß. Die Industrie hat das erkannt und Einrichtungen entwickelt, die beim Schneiden helfen.

Da ist einmal die „Edit"-Verbindung. Man spricht auch von „Synchro-Edit": Über (ab Werk eingebaute) Spezialbuchsen („Control-L-" oder „Control-S-" Buchsen) und ein Kabel als Steuerleitung werden Camcorder und Heim-Recorder miteinander verbunden; der Druck auf die Taste „Play" bzw. „Stop" am Camcorder genügt, um gleichzeitig die Wiedergabe im Camcorder und die Aufnahme am Heimvideorecorder zu starten. Wiedergabe und Aufnahme stoppen geht genauso.

Besonders hilfreich beim Schneiden ist der VHS-Videorecorder SL-V 474 von Sony. Er zeigt auf einem angeschlossenen Bildschirm sowohl das Bild vom Wiedergabegerät (z. B. dem Camcorder) als auch von der Aufnahmemaschine (also von ihm selbst). Zum zweiten: Er hat an der Vorderseite (!) die AV- und die Control-S- und Control-L-Buchsen. Mit dem Drehknopf kann man die Bildwiedergabe vor- und rückwärts in Slow und Einzelbild steuern und so gewünschte Szenen auf einer Kassette leicht finden. Das Problem ist nur: Man müßte sie dann ja überspielen; dabei müßte, sofern man keinen zweiten Heim-Videorecorder besitzt, der Camcorder als Aufnahmegerät dienen. Das kann er

Eine große Hilfe beim Schneiden ist der VHS-Heim-Recorder Sony SLV-474.

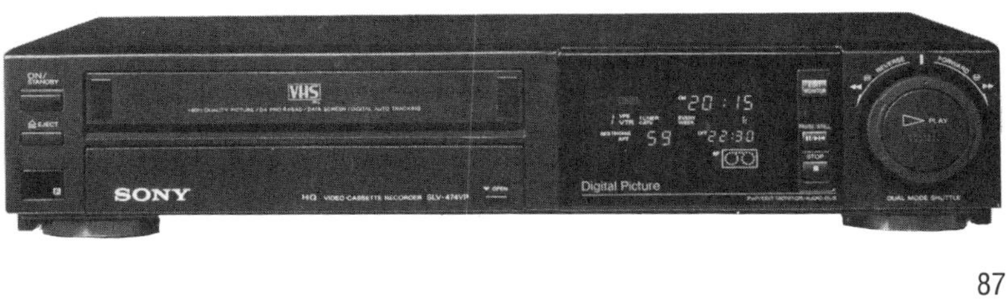

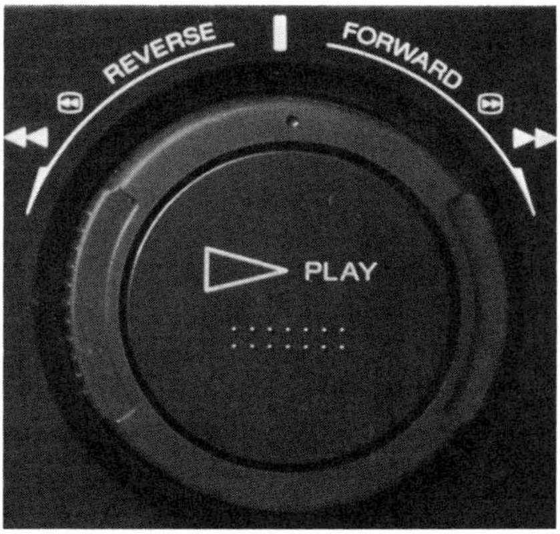

Voll im Griff haben Sie Ihren Sony Videorecorder mit dem Dual Mode Shuttle: Vorlauf, Rücklauf oder Zeitlupe.

aber nur, wenn er auch über Eingangsbuchsen für Bild- und Tonsignale verfügt. Solche Buchsen erhöhen aber den Preis um einige Prozent, weil die Europäische Gemeinschaft auf Camcorder mit Eingangsbuchsen mehr Einfuhrzoll erhebt.

Eingebaute Schnitteinrichtungen

Aber: Auch in Camcordern gibt es schon Schnittsteuer-Einrichtungen, die ohne Schnittsteuer-Gerät selbst exakte Schnitte ausführen können. Mehrere Ein- und Ausstiege können vorprogrammiert werden. Die Kontrolle erfolgt am Bildschirm des angeschlossenen Fernsehgerätes; das Aufnahme-Gerät (Heim-Recorder) wird über ein Synchro-Edit-Kabel gesteuert, es genügt aber auch eine Pause/Start-/Stopp-Buchse.

Die genannten Schnitt-Hilfen und -einrichtungen ermöglichen – ohne allzu großen Aufwand – das Schneiden von Videoaufnahmen im Sinne von „das zusammenbringen, was zu einem Thema gehört". Wer aber etwas mehr Ehrgeiz entwickelt, wer Tempo, Rhythmus und Schwung in sein Video bringen will, der braucht ein Schnittsteuerpult. Das reine Schnittsteuerpult macht nichts anderes, als die festgelegten Ein- und Ausstiege zu suchen und entsprechend die Wiedergabe und die Aufnahme zu starten und zu stoppen. Beim reinen Schnittsteuerpult werden Bild- und Tonsignale also überhaupt nicht beeinflußt – die Signalleitungen laufen direkt vom Wiedergabe- ins Aufnahmegerät.

Kaufüberlegungen

Allerdings muß man sich vor dem Kauf eines Schnittpultes ausführlich von einem wirklichen Fachverkäufer beraten lassen. (Den wirklichen Fachverkäufer erkennen Sie daran, daß er Schnittpulte betriebs- und vorführbereit in seinem Geschäft angeschlossen hat, und daß er sie beherrscht.) Die ausführliche Beratung ist schon darum notwendig, weil man jeweils andere Schnittpulte für die System-Familien Video 8 und VHS braucht.

Im Video 8-Standard wurde nämlich festgelegt, daß vom Bandzählwerk des Camcorders Signale an das Video 8-Schnittpult geschickt werden. Das Camcorder-Zählwerk steuert also das Zählwerk im Schnittpult, nach dessen Angaben Sie die Ein- und Ausstiege festlegen. In der VHS-Familie gibt es dagegen seit kurzem VITC, einen Zeitcode, der das bildgenaue Schneiden ermöglicht (dazu mehr unten).

Schnittpulte gibt es schon für etwa 500 Mark. Man kann per Tastendruck bis zu acht Ein- und Ausstiege festlegen, man kann sie sich in der richtigen Reihenfolge zur Überprüfung vorspielen lassen (als sogenanntes „Preview"), man kann sie korrigieren, dann befiehlt man per Tastendruck „Ausführung" („Performance"), und die Überspielung läuft.

„Im Video 8-Standard ist festgelegt, daß vom Bandzählwerk Signale an das Video 8-Schnittpult geschickt werden"

Erst beim „Preview" sieht man, ob und wie die Schnitte zusammenpassen (es sei denn, man hat ein fotografisches Gedächtnis und macht sich ausführliche Notizen), oder ob es grobe Schnittfehler gibt. Weitere Vorteile eines Schnittpultes: Das Schnittpult speichert die festgelegten Aus- und Einstiege, wenn Ihre Verwandten / Freunde das wünschen. Sie können also vom Original beliebig viele geschnittene Kopien machen, die natürlich besser sind, als wenn Sie die Schnittkopie nochmal überspielen. Bei manchen Schnittpulten können auch Szenen wiederholt werden; mit dieser „Repeat"-Funktion kann man annähernd das „herbeizaubern", was wir vom Fernsehen als Fußball-Ballett kennen. Es gibt an hochwertigen Schnittpulten eine Fülle von „Features", Einrichtungen also, mit denen man Tricks und Zuaberein machen kann; es ist jedoch nicht sinnvoll, die hier zu schildern. Erstens wäre das ein eigenes Buch, und zweitens muß man sie sehen, man muß sie sich in einem guten

Ein Schnittpult für getrennte Kameranlagen mit Selbstlerneinheit ist der Hama Videocut 20 plus.

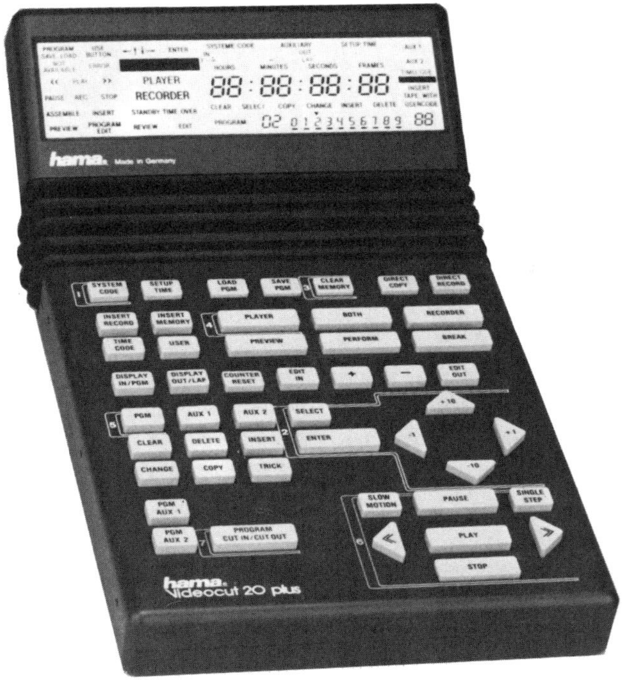

Videofachgeschäft vorführen lassen – Sie werden verblüfft sein. Das Schnittpult speichert aber nicht nur, was Sie ihm eingeben. Es „weiß“ ab Werk eine Menge mehr, zum Beispiel die Hochlaufzeiten Ihres Camcorders und Ihres Heim-Videorecorders.

Was heißt das nun wieder? Wenn Sie am Camcorder oder am Heim-Videorecorder eine Taste tippen, beginnt im Gerät eine ganze Reihe von Aktionen, bevor die Wiedergabe bzw. Aufnahme wirklich starten kann. Das braucht eine bestimmte Zeit – eine bis drei Sekunden oder mehr. In einer bis drei Sekunden gehen aber 25 bis 75 Bilder vorbei. Im Schnittpult ist ein Speicherchip, ein EPROM, welchesweiß, wie lange Ihre Geräte brauchen. In ein EPROM kann man nämlich Daten „einbrennen“, und das hat auch der Hersteller von Ihren Geräten getan. (Wenn nicht, dann müßten Sie sich mit dem Hersteller in Verbindung setzen und eventuell Ihre Geräte an ihn schicken; dann werden im Werk die Daten Ihrer Geräte ermittelt und in das EPROM eingebrannt. Womit wir beim Problem der Schnittgenauigkeit sind.

Genauigkeit ist alles

Bei einem chemischen Film schneiden Sie mit einer Schere oder einer Schneidpresse genau vor dem gewünschten Einstieg, d.h. vor einem einzelnen Bild, das Filmband durch, also exakt in dem Moment, wo beispielsweise ein Windstoß den Hut vom Kopf Ihres „Modells" fegt. Diese Schnittgenauigkeit beim Amateur-Video-Schnitt zu erreichen ist außerordentlich schwer. Die Schnittgenauigkeit hängt auch nicht vom Schnittpult ab, sondern von dem benutzten Wiedergabe- und Aufnahmegerät. Der Camcorder erkennt den jeweils aktuellen Zählwerksstand, indem er Videospuren zählt oder auch die Impulse der Bandtransportmechanik. Eine hundertprozentige Übereinstimmung zwischen dem Zählwerksstand und dem einzelnen Bild ist leider so nicht möglich; durch den Bandschlupf beim schnellen Vor- und Zurückspulen (wenn der Camcorder die nächste Szene sucht) entstehen Zählfehler.

Der Schnittversatz kann gewaltig sein, wenn man „brutal" arbeitet: Man legt zum Beispiel eine voll bespielte 45-Minuten-Kassette in den Camcorder; dann wählt man eine Szene ganz am Ende, drauf eine ziemlich am Anfang, dann wieder eine ziemlich weit am Ende und so fort.

Der arme Camcorder muß, gesteuert vom Schnittpult, mehrmals die gesamte Kassette von fast ganz vorn bis fast ganz hinten durchspulen, und umgekehrt; er wird dabei fast heiß. Beim fünften, sechsten, siebten Schnitt liegen die Schnitte soweit neben den Bildern, die man als Ein- und Ausstiege festgelegt hat (20 Bilder oder mehr daneben), daß man das, was man wollte, nicht mehr wiedererkennt.

Verbesserung durch Zeitcode

Doch da gibt es nun – seit der photokina 1990 – eine äußerst elegante Lösung, die eine bisher undenkbare Schnittgenauigkeit garantiert. Sie heißt VITC.

Das heißt in Langform: Vertical Interval Time Code und zu deutsch etwa „Zeitcode in der vertikalen Austastlücke". VITC erlaubt es auch dem Amateur, seine Videos nahezu bildgenau zu schneiden. Bei der Aufnahme wird digital, aber unsichtbar, in jedes Bild eine Kennzeichnung eingefügt („Stunde/Minute/Sekunde/Bildnummer von 00 bis 24" und „Prüfbits"). Der Bandschlupf spielt also keine Rolle mehr, denn die Information ist ja nun auf dem Band selbst festgehalten.

Die Bildnummern werden beim Wiedergeben an das Schnittpult geschickt. Ein „Entschlüssler" (Decoder) im Schnittpult kann sie „lesen", sie werden auf dem Anzeigefeld dargestellt. Drückt der Schnittmeister auf die jeweils richtige Taste, werden sie entweder als Ein- oder als Ausstieg festgehalten. Beim „Preview" und bei der Schnittausführung sucht das Wiedergabegerät die Bildnummern der Bilder, die als Ein- und Ausstiege festgelegt wurden. Wenn nun noch die Hochlaufzeiten der Geräte „stimmen", kann man also nahezu bildgenau schneiden.

Ein weiterer Vorteil: Wenn man – beispielsweise bei einer Urlaubsreise – mehrere Kassetten aufnimmt, und den VITC-Generator beim Kassettenwechsel nicht auf „Null" stellt, dann numeriert er weiter; man kann also später sein Video auch aus mehreren Kassetten zusammenschneiden, was bei der bisher verwendeten Methode nur sehr trickreichen Schnittmeistern gelingt.

Viele hochwertige Camcorder der Systeme S-VHS-C und S-VHS besitzen bereits einen integrierten VITC-Generator oder die Möglichkeit, ihn als Modul (ein Kästchen, kleiner als ein Daumen) anzuschließen. Einige Hersteller bauen auch in ihre neuen hochwertigeren Heim-Videorecorder den VITC-Generator ein. Sinn der Übung: Man kann die Kassetten aus der Zeit „vor VITC" überspielen, dabei den Zeitcode aufsprechen, und diese Aufnahmen dann mit VITC schneiden.

Daß VITC (das im Profi-Lager schon lange benutzt wird) nun auch für Amateure bezahlbar ist, ist vor allem der Firma Angermann & Velte aus Remscheid zu verdanken, die es fertiggebracht hat, den VITC-Generator bzw. den VITC-Decoder auf einem Chip in der Größe eines Fingernagels zu integrieren.

Schnittpulte mit VITC-Einrichtung werden von Angermann & Velte und GSE (und jeweils baugleich von vielen bekannten Camcorder-Anbietern) geliefert. „Multi Production Editor" nennt GSE sein Spitzenmodell MP-100S (ca. 1500 Mark). Wir können hier nur andeuten, was es alles kann, man muß sich das Pult mal in einem guten Fachgeschäft vorführen lassen:

● Schneiden (mit VITC-Originalen, mit VITC-Arbeitskopien und mit Bandzählwerk), wobei bis zu 100 Szenen („Ein-" und „Ausstiege") vorprogrammiert werden können;

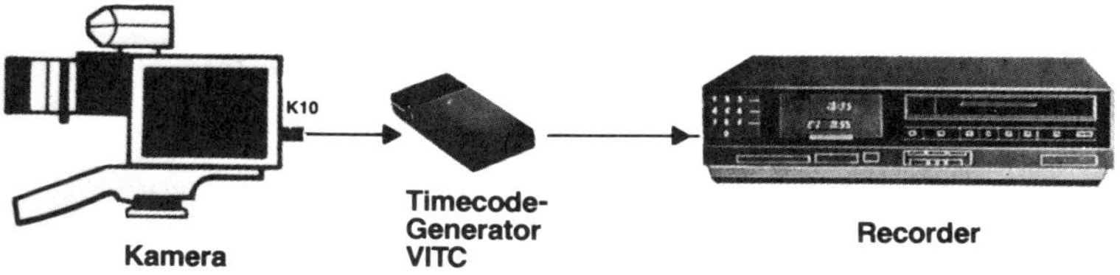

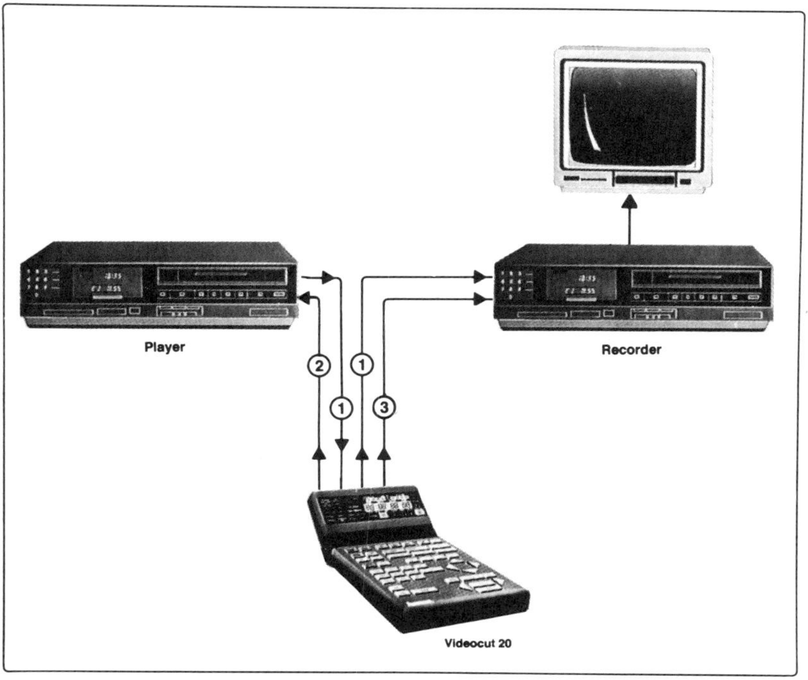

● Farben korrigieren (die Korrekturen werden für jede Szene gespeichert und mit dem Abruf ausgeführt);

● weiche Auf- und Abblende und Quasi-Schnitte über Schwarzblende (ebenfalls vorprogrammierbar);

● acht Titelseiten speichern (für deren Herstellung gibt es als Sonderzubehör – ca. 300 Mark – eine Tastatur), ihr Abruf ist vorprogrammierbar;

● dreikanalige Tonmischung für den Originalton, den Hintergrundton und den Mikrofon-Ton.

Das Schnittpult „Videocut 20" muß für den Betrieb sowohl mit dem Player wie auch mit dem Recorder verbunden werden.

Das Pult erkennt automatisch, ob die Bildquelle ein herkömmliches FBAS- oder ein S-VHS-Signal liefert, und schaltet sich entsprechend um.

Von Angermann & Velte stammen die Schnittsysteme IHP 6801 / 6802 und IHP 6803 / 6804, die Philips anbietet (unverbindliche Preisempfehlung: jeweils 2.499 Mark). Sie arbeiten mit VITC und ermöglichen so den bildgenauen Schnitt. IHP 6803 / 6804 ist sogar „lernfähig": Es merkt sich beim „Set up" (Installation) die Befehlscodes von „fremden" Videorecordern.

Tricks für Zwischenschnitte und Titel

„Beim Schneiden", so ein bekannter Fernsehregisseur, „lernt man, was man beim Drehen falsch gemacht hat!" Nun kann der Amateur ja selten wegen eines Patzers oder einer fehlenden Aufnahme nochmal auf die Malediven zu jetten – der Profi auch nicht – weil's zu teuer ist.

Oft kann man sich aber mit Tricks helfen. So mancher harte Szenenübergang und fehlende „Zwischenschnitt" wird elegant durch einen Trick ausgebügelt. Und dafür gibt es Trickpulte – zu Preisen ab etwa 600 Mark.

Ein Beispiel für ein – allerdings schon sehr leistungsfähiges – Trickpult ist der Videoprozessor AVEP-2s von GSE. Er bietet die Möglichkeit, Videobilder farblich zu korrigieren und zu verwandeln. Außerdem ist er ein mehrkanaliges Audiomischpult.

Darüber hinaus enthält er einen Effekt-Generator, mit dem Bilder in verschiedene Motive zerlegt und per Wischeffekt eingeblendet werden können. Zudem kann man Farbflächen einstanzen. Der AVEP-2s kann sowohl die herkömmlichen FBAS- als auch die High-Band-Videosignale (S-VHS und S-VHS-C) verarbeiten. Preis: ca. 1300 Mark.

Zum richtig „runden" Video gehören natürlich auch Titel. Ein echtes Multi-Talent ist der Titelgenerator VTG 1010 Super von Bauer (unverbindliche Preisempfehlung: 998 Mark), der mit allen Videosystemen im PAL-Standard zusammenarbeitet. Er kann unter anderem

- Titel-Einblendungen in acht Farben und mit mehr als 100 Buchstaben, Ziffern und Zeichen herstellen, die auch invertiert (negativ) dargestellt werden können, wobei hinter den Zeichen das Videobild sichtbar wird;

● bis zu zehn Titelseiten à neun Zeilen mit jeweils 20 Zeichen auf einmal speichern;

● fließend überblenden, z. B. von der Farbfläche aufs Bild oder vom Bild zur Farbfläche.

A propos Überblenden: Jeder anspruchsvolle Video-Amateur kommt eines Tages auf die brillante Idee, zwei Videorecorder bzw. Camcorder mit einem dritten zu verbinden. Und hat er das geschafft, dann versucht er, die Bilder der beiden Wiedergabe-Recorder zu mischen bzw. von einem zum anderen zu überblenden. Das geht so nicht, das kann gar nicht gehen, weil Amateur-Videorecorder nicht extern synchronisierbar sind. Schlimmste Bildfehler (Bilddurchlauf) sind die Folge. Es gibt dann nur zwei Möglichkeiten:

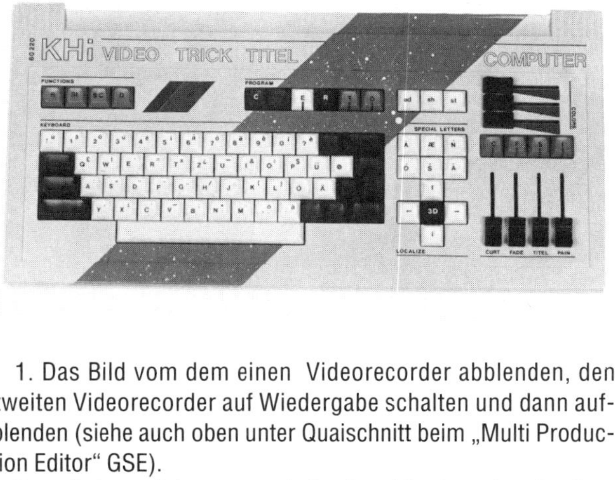

Titeltricks ohne Grenzen für Videofilme lassen sich mit dem Trick-Computer von Himmelreich gestalten.

1. Das Bild vom dem einen Videorecorder abblenden, den zweiten Videorecorder auf Wiedergabe schalten und dann aufblenden (siehe auch oben unter Quaischnitt beim „Multi Production Editor“ GSE).

Dann haben wir immer noch das Durchlaufen, aber das liegt dann in der Blende, fällt also nicht so stark auf.

2. Panasonic bietet ein Bild-Mischpult für Amateure an, das das Bild vom einem Videorecorder in Festkörperspeichern (Chips) ablegt, woraus es dann mit den richtigen Synchronimpulsen ausgelesen und dem Bild eines anderen Videorecorders zugemischt werden kann. Beziehungsweise: Man kann von einem aufs andere Bild überblenden. Preis des Bildmischpultes: circa 3000 Mark.

Raffinierte Tricks beim Schneiden von Bild und Ton ermöglicht das professionell ausgestatte Bildmischpult von Panasonic.

Beim Kauf von Schnitt-, Trick- und Mischpulten sollte man sich an damit wirklich vertraute Verkäufer in Fachgeschäften wenden. Auch in manchen Amateur-Videoclubs und Videokursen von Volkshochschulen gibt es hochkarätige Experten.

Schnitt-, Trick- und Mischpulte sind ja genaugenommen spezialisierte Computer.

A propos Computer: Video und Computer wachsen immer enger zusammen. Ob Real-Aufnahmen digitalisiert in den Computer eingespeist und dann trickreich bearbeitet und verwandelt werden, oder ob ganze Videos im Computer „generiert" werden – das ist heute nicht mehr nur von Profis machbar, sondern auch vom Amateur.

Doch so raffiniert die Gerät sind, sie tun – wie alle Computer – nichts „von allein". Vom neugierigen Auspacken des Geräts über das Anschließen bis zum ersten geglückten Video muß man so seine – nicht selten schweißtreibenden – Erfahrungen machen. Aber ein Hobby, das keinerlei Schwierigkeiten bereitet – was wäre das für ein langweiliges Hobby?

Fotos und Filme auf Video

Bewegte Bilder mit Sprache und Musik sind natürlich die ganz große Stärke von Video. Doch hin und wieder ergibt sich auch der Wunsch oder die Notwendigkeit, Fotos in den Videofilm zu integrieren oder alte Schmalfilme auf Video zu überspielen. Fotos können zum Beispiel für einen Zwischenschnitt erforderlich sein, für einen Titel oder auch Abspann. Mancher möchte auch sein Fotoalbum auf Video aufnehmen, weil sich auf dem Bildschirm die Fotos besser zusammen mit mehreren Personen betrachten lassen oder aber auch weil eine Diavorführung normalerweise zu aufwendige Vorbereitungen erfordert.

Die Überspielung von Papierbildern bereitet die geringsten Probleme. Sie werden einfach abgefilmt. Allerdings muß hier auf die richtige Beleuchtung geachtet werden, da oft Reflexe oder Spiegelungen auf der glänzenden Oberfläche die Aufnahme stören. Am besten wird dazu der Camcorder auf einen Reprostand montiert und mit seitlich angebrachter Beleuchtung gearbeitet. Bei Durchsichtsbildern, also Dias oder Negativen, ist die Überspielung nicht mehr ganz so einfach. Im Zubehörhandel werden allerdings Dia-Adapter für Camcorder angeboten. Sie eignen sich für Kleinbild-Dia- oder -Negativstreifen und werden einfach vor das Objektiv des Camcorders gesetzt und von vorn beleuchtet. Dagegen ist an sich nichts zu sagen, außer daß dabei möglichst der störende „Hot-Spot" – damit ist der helle Punkt, den die Lichtquelle oft in der Bildmitte produziert, gemeint – zu vermeiden ist. Dieser „Hot-Spot" tritt auch auf, wenn projizierte Dias oder Schmalfilme einfach von der Leinwand oder von Spezial-Projektionsscheiben abgefilmt werden.

Eine sehr teure Möglichkeit zur Überspielung von Dias auf Video sind die neuartigen Dia-Video-Projektoren. Sie ähneln den üblichen Diaprojektoren, haben aber anstelle des Objektivs einen CCD-Bildsensor eingebaut. Sie liefern zwar gute Qualität, eignen sich aber nur für gerahmte Kleinbild-Dias. Wollen Sie Dias oder Negative auf Video aufzeichnen, müssen Sie mit einem gewis-

Ein komfortables Gerät zur Überspielung von Dias, Negativen und Papierbildern auf Video ist der Fotovix von Tamron.

sen Beschnitt am Bildrand rechnen, wenn das Bild das volle TV-Format füllen soll. Das liegt an den unterschiedlichen Seitenverhältnissen von Fernsehbild und Kleinbildformat. Während das Kleinbild ein Seitenverhältnis von 2:3 aufweist, beträgt dieses beim TV-Bildschirm 2/3. Das vielseitigste Gerät für die Überspielung von Fotos auf Video ist der Fotovix von Tamron. Dieses Gerät mit integrierter Videokamera und Positiv/Negativ-Umschaltung kann sowohl Dias als auch Negative auf Video überspielen. Auch die Überspielung von Aufsichtsbildern ist hier möglich. Das Zoomobjektiv erlaubt die Veränderung des Bildausschnitts. Zusätzlich können Helligkeit, Farbe ganz nach eigenen Vorstellungen variiert werden. Ein Positionsregler bringt die Aufnahmen jederzeit in die richtige Stellung auf dem Bildschirm. Falsch oder auf dem Kopf stehende Bilder lassen sich mit einem leichten Handgriff in die richtige Lage bringen. Dazu wurde der Fotovix mit einer Drehvorrichtung ausgestattet, mit der das Bild um 270° gedreht werden kann. So können auch Hochformat-Aufnahmen eingepaßt werden. Für die Fotovix-Geräte wird eine große Zubehörpalette angeboten. Dazu gehören Wechselobjektive, Konverterlinsen und eine Vorrichtung für die automatische Diaeingabe. Für die Bildbearbeitung gibt es den Fotovix-Editor, mit dem sich Bilder mit Rahmen, Masken oder Markierungen versehen lassen. Auch Wischeffekte lassen sich hiermit in zahlreichen Varianten für Übergänge erzielen.

Ein einfaches Gerät zur Überspielung von Schmalfilmen auf Video ist der Telescreen Video von Hama. Das Bild wird auf eine 65 X 85 mm große Mattscheibe projiziert und durch einen Umlenkspiegel seitenrichtig wiedergegeben. Mit dem unmittelbar vor der Nahlinse positionierten Camcorder kann das Bild nun einfach abgefilmt werden.

Gute Verbindungen

Buchsen, Stecker und Adapter

Wenn Sie mit Ihrem Camcorder nach Hause kommen, und Sie haben „so richtig gute“ Aufnahmen gemacht, dann möchten Sie und Ihre Familie / Verwandten / Freunde das Ergebnis Ihrer filmischen Bemühungen bestimmt nicht nur auf dem winzigen Schwarz/Weiß-Sucher des Camcorders sehen, sondern auf dem großen Bildschirm Ihres Farbfernsehgeräts.

Wenn Sie einen Camcorder für Standard-VHS-Kassetten besitzen – auf S-VHS und S-VHS-C kommen wir später -, und ein VHS-Heim-Videorecorder bereits an Ihr Fernsehgerät angeschlossen ist, dann ist das auch gar kein Problem: Sie schieben die VHS-Kassette so, wie sie ist, in den Heim-Videorecorder, spulen Sie auf Anfang und „fahren ab“.

Allerdings haben nur wenige Videofilmer Standard-VHS-Camcorder; sie sind ziemlich groß und schwer. Meistens hat man einen VHS-C-Camcorder (auf S-VHS-C kommen wir noch). Dann ist das kein Problem: Sie legen die VHS-C-Kassette in die sogenannte Adapter-Kassette (wird oft mit dem VHS-C-Camcorder mitgeliefert, ist aber im Videofachhandel für ca. 150 Mark erhältlich) und schieben Sie so in Ihren Heim-Recorder – schon kann die Vorführung beginnen. Nun nehmen wir an, Sie möchten

- den Camcorder an einen Fernsehapparat anschließen (z.B. im Urlaub, wo es keinen VHS-Heimrecorder gibt), oder
- Ihr Video kopieren; dann müssen die Bild- und Tonsignale irgendwie aus dem Camcorder in den Fernseher, oder im zweiten Fall, in den Aufnahme-Recorder geführt werden. Dafür gibt es grundsätzlich zwei Möglichkeiten.

Die eine ist die Verbindung über das Antennenkabel, auch Hf-Verbindung genannt (warum, sehen Sie sogleich). Sie hat einen großen Vorteil: Sie funktioniert immer und überall und mit jedem Fernseher, Videorecorder und Camcorder, vorausgesetzt,

- die Geräte arbeiten mit demselben Farbfernsehstandard, also bei uns CCIR-PAL;

● Ihr Fernseher ist einer von den neuen, hochwertigen „Multi-Standard"-Geräten; die verarbeiten nämlich jeden auf der Welt gebräuchlichen Fernseh-Standard. („Multi-Standard"-Videorecorder sind mit 5000 Mark noch recht teuer.)

Die Verbindung über die Antennenbuchsen nennt man „Hf-Verbindung", weil der mit dem Camcorder mitgelieferte UHF-Modulator die Videofrequenz in eine Frequenz im UHF-Band (Ultra High Frequency) umsetzt, auf einen Kanal zwischen 30 und 40. Diese Verbindungsart ist nicht sehr komfortabel: Sie müssen einen Speicherplatz am Fernseher (bzw. am Aufnahme-Heimrecorder) auf den Kanal des UHF-Modulators einstellen. Dabei ist wichtig, daß Sie den vom Hersteller vorgesehenen Speicherplatz wählen (Bedienungsanleitung des Fernsehgeräts).

Warum? Jeder Camcorder und Videorecorder erzeugt – aus mechanischen Gründen – beim Wiedergeben einer bespielten Kassette Zeitlauffehler. Die sorgen dafür, daß Ihr Bild auf dem Fernsehbildschirm in der oberen Hälfte nach rechts abknickt oder sogar Bauchtänze veranstaltet. „Hinter" dem Speicherplatz – viele Fernsehgeräte bieten sogar mehrere an – der für den Videorecorder/Camcorder vorgesehen ist, „sitzt" eine Zeitfangschaltung, die die mechanischen Zeitlaufschwankungen ausgleicht, damit Sie ein vernünftiges Bild sehen können.

Der zweite Nachteil der Hf-Verbindung: Die Bildqualität. Denn im UHF-Band senden (immer mehr) terrestrische Fernsehsender (ZDF und in Großstädten RTL plus, SAT 1, Tele 5 usw.). Arbeitet ein Fernsehsender auf derselben Frequenz wie der UHF-Modulator Ihres Camcorders, stört sein Signal Ihr Bild. Das geschieht auch, wenn bei zwei Videogeräten beide UHF-Modulatoren auf derselben Frequenz arbeiten. Die Frequenz des UHF-Modulators kann man durch Drehen an einem Schräubchen verstellen.

Wenn Sie einen Camcorder oder Videorecorder mit Stereoton besitzen, sollten Sie ebenfalls nicht über die Hf-Verbindung gehen, denn 99,9 Prozent der Hf-Modulatoren sind einkanalig ausgelegt, Sie hören den Ton nur „in mono", was schade wäre.

Die Hf-Verbindung reicht auch nicht aus, wenn Sie Ihre Kassette überspielen und dabei die Überspielung kontrollieren. Dazu brauchen Sie die Antennenbuchse zur Verbindung von Aufnahme-Recorder und Fernsehgerät. Den Wiedergabe- müssen Sie also AV-mäßig mit dem Aufnahme-Recorder verbinden. Die AV-Verbindung (AV steht für „Audio/Video") ist ohnehin die technisch bessere Art der Verbindung. Mit ihr leitet man die Bild-/Tonsignale ohne den Umweg über den Hf-Modulator und das Empfangsteil des Fernsehgeräts direkt in dasselbe. Man nennt diese Verbindung auch Nf- (für Niederfrequenz) Verbindung.

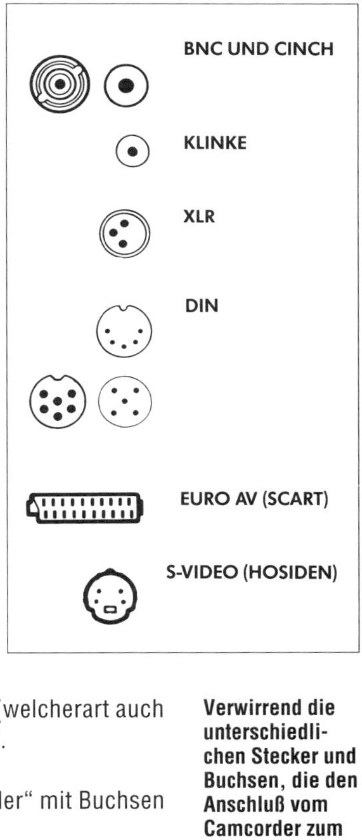

Der kleine Unterschied

Nun kommt das Problem der unterschiedlichen Stecker und Buchsen. Die Sache wirkt nur so kompliziert, weil wir hier naturgemäß alle denkbaren Möglichkeiten darstellen, Sie zuhause besitzen normalerweise aber nur einen Camcorder, einen Videorecorder und einen Fernseher, und damit wird die Sache viel übersichtlicher. Zunächst aber müssen wir vom berühmten kleinen Unterschied reden, sonst kaufen Sie garantiert etwas Falsches, und zuhause paßt nichts zusammen. Nämlich vom Unterschied zwischen Steckern („Männchen") und Buchsen („Weibchen"):

Verwirrend die unterschiedlichen Stecker und Buchsen, die den Anschluß vom Camcorder zum Fernseher und umgekehrt ermöglichen.

- Ein Kabel mit Steckern an beiden Enden (welcherart auch immer) heißt „Kupplung" oder „Überspielkabel".
- An Geräten sind grundsätzlich Buchsen.
- Es gibt auch „Kupplungen" oder „Verbinder" mit Buchsen an beiden Enden.
- Ein Kabel mit einem Stecker an einem und einer Buchse am anderen Ende heißt „Verlängerung".
- Wenn man zwei (oder mehr) Geräte an einen Aus- oder Eingang anschließen will, braucht man einen „Verteiler", was oft ein Kästchen ist, aber nicht sein muß.

Die Buchsen am Camcorder für die Bild- und Tonsignale sind fast immer Cinch-Buchsen (wobei wir S-VHS – und S-VHS-C-Camcorder zunächst mal weglassen). Darum sind im Camcorder-Paket meist auch Kabel mit Cinch-Steckern beigepackt: Eine Ader fürs Bild, eine für den Ton, oder, wenn es ein Camcorder mit Stereoton ist, eine fürs Bild und zwei für den Ton (linker und rechter Kanal). Das ist wohlgemeint, nur kann man oft mit die-

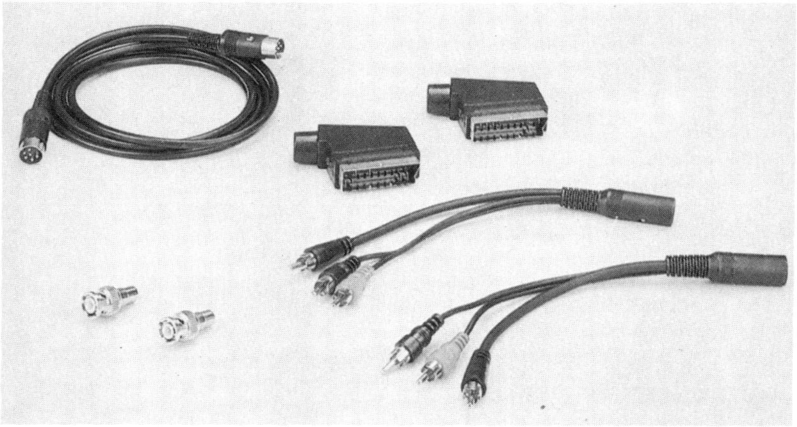

Für Aufnahme und Wiedergabe (Stereo) in beiden Richtungen gibt es von Kaiser ein universelles Video-Überspiel-Set.

sem Verbindungskabel nichts anfangen, wie Sie gleich sehen werden. Denn: Am Fernsehgerät findet man Cinch-Buchsen als Bild-/ Ton-Eingänge höchst selten, nämlich vorwiegend

- bei modernen Apparaten, und hier oft unter einer Klappe an der Frontseite, was das Anschließen ungemein erleichtert, und
- bei Geräten mit kleineren Bildschirmen, denn die stammen oft von japanischen Herstellern.

Zum Hintergrund: Bei diesen Geräten kann man – siehe unten – das Fernseh-Empfangsteil (den Tuner) wegschalten.

Sehr häufig, bei einfacheren Farb-TV-Tischgeräten sogar vorwiegend, bauen die Hersteller als AV-Ein-/ Ausgangsbuchse nur die 21-polige EURO-AV-Buchse ein, die man auch SCART-Buchse oder (seltener) EURO-Connector nennt. (Syndicat des Constructeurs d'appareils radio récepteurs et téléviseurs, abgekürzt SCART, heißt das Kommittee, das sie genormt hat.)

In älteren Fernsehgeräten (vor dem Baujahr 1984) findet man als AV-Ein- und Ausgang die sechspolige DIN-AV-Buchse. Was für einen Adapter brauchen Sie also? Einen „von Cinch auf SCART" oder einen „von Cinch auf DIN-AV". Noch ein Problem: Bei älteren Farbfernsehern muß man der SCART- oder der DIN-AV-Buchse auch eine „12-Volt-Schaltspannung" zuführen.

Damit hat es folgendes Bewenden: Schaltet man ein älteres Fernsehgerät ein, zeigt es ein Bild vom Fernsehsender. Nur: Wir wollen ja unseren Videofilm sehen. Da fängt der Ärger an. Die,

die den Standard für die DIN-AV- und für die EURO-AV-Buchse festgelegt haben, haben nämlich nur an den Heim-Videorecorder gedacht, der, wenn man ihn auf „Wiedergabe“ schaltet, eine 12-Volt-Schaltspannung erzeugt. Die wird über das DIN-AV- oder über das EURO-AV-Kabel dem Fernsehgerät zugeleitet, das dann das Fernsehbild (genauer: das Empfangsteil, den „Tuner“) wegschaltet und uns das Bild vom Videorecorder zeigt.

Der Camcorder aber produziert die Schaltspannung nicht, es gibt dafür auch keine Ausgangsbuchse, folglich schaltet der ältere Fernseher den Fernsehsender auch nicht weg, und ich kann mein Video nicht sehen. (Bei neueren TVs kann ich den Tuner per Tastendruck wegschalten, meist sogar per Fernbedienung.) Die Lösung: Es gibt spezielle Adapter mit kleinen Netzteilen, die die 12-Volt-Schaltspannung liefern und an den richtigen Pol der DIN-AV- bzw. EURO-AV-Buchse legen, und alles ist o.k.

Überspielungen – kein Problem

Nun aber möchten Sie Ihre Videos nicht nur anschauen, sondern auch überspielen, um Freunden eine Kopie zu schenken, oder um beim Überspielen Fehler aus dem Video auszumerzen. Dazu muß der Camcorder mit dem Videorecorder verbunden werden, und dieser mit dem Fernsehgerät, damit Sie kontrollieren können, was da überspielt wird. Fast alles, was oben über die Verbindung Camcorder-Fernsehgerät steht, gilt auch hier:

- Die ganz alten Videorecorder haben DIN-AV-Buchsen.
- Die neueren, aber nicht so teuren haben SCART-Buchsen.
- Die neuen, hochwertigen haben zusätzlich zur SCART – auch Cinch- oder BNC-Buchsen, manche an der Frontseite.

BNC wird meist für das Bildsignal benutzt. BNC ist sehr beliebt, denn es hat sowohl mechanisch als auch elektrisch optimale Eigenschaften. Da die BNC-Buchse ziemlich groß, und BNC auch teurer als Cinch ist, findet man sie an Amateur-Camcordern nicht und an Heim-Videorecordern immer seltener. Der Übergang von BNC auf Cinch und umgekehrt ist sehr einfach: Man steckt ein kleines Adapterstück („BNC auf Cinch“ oder „Cinch auf BNC“) auf, das zudem nicht teuer ist. Zurück zur Verbindung Camcorder-Heimrecorder: Zwei Dinge sind hier anders als vorhin bei der Verbindung von Camcorder und Fernsehgerät:

- Die Hf-Verbindung brauchen wir jetzt zum Anschluß des

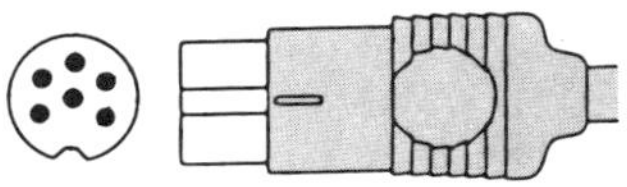

Din-Kupplung 6-pol

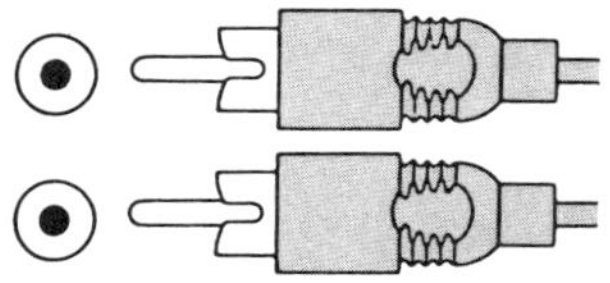

Cinchstecker

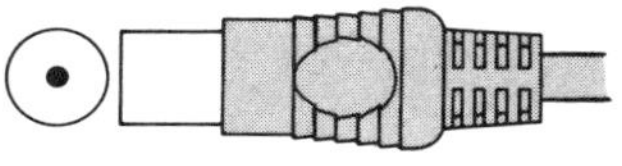

Koaxstecker 9,5 mm

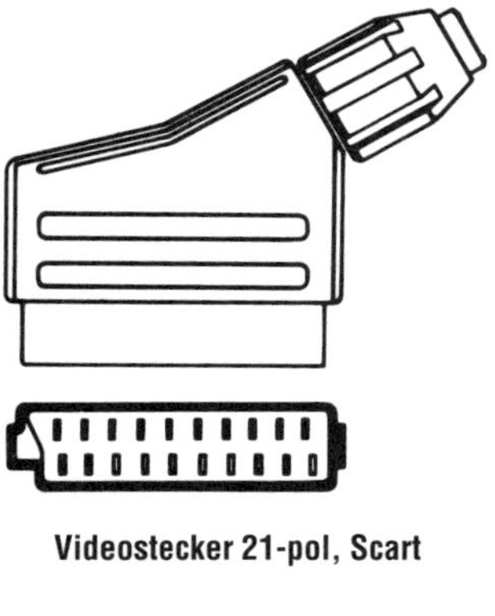

Videostecker 21-pol, Scart

Videostecker BNC, crimpbar

Heim-Recorders an den TV-Apparat, der uns nun ja als Monitor zur Kontrolle dient.

● Der Heim-Videorecorder muß immer von Hand mit dem Eingangs-Wahlschalter auf den AV-Eingang umgeschaltet werden, an den der Camcorder angeschlossen ist. Den müssen Sie auf „Extern“ stellen, („Line“). Mit einer Schaltspannung haben wir es hier also nicht zu tun. Wenn Sie nun

● den Camcorder einschalten, eine bespielte Kassette einlegen und die Wiedergabe starten und

● der eingeschaltete Heim-Videorecorder auf „AV-Eingang“ (manchmal heißt es auch „Ext“ oder „Line“) gestellt ist und

● am Fernsehgerät der richtige Kanal eingeschaltet ist, dann sehen Sie auf dem Bildschirm Ihre Videoaufnahmen und hören aus dem TV-Lautsprecher den Ton. Dann brauchen Sie nur noch eine unbespielte Kassette in den Videorecorder einzulegen, und Sie können überspielen bzw. schneiden. Die Camcorder der Oberklasse, also die S-VHS- und S-VHS-C-Camcorder, können Sie genauso anschließen wie (siehe oben) alle anderen Camcorder auch:

● Hf-mäßig übers Antennenkabel und

● Nf-mäßig übers AV-Kabel (die High-Band-Camcorder haben immer auch Cinch-AV-Buchsen).

Die optimale Bildqualität, die in den High-Band-Camcordern steckt, bekommen Sie so nicht auf den Bildschirm. Der Witz bei den High-Band-Camcordern ist – unter anderem – die getrennte Verarbeitung von Helligkeits- und Farbsignal. Sie müssen auch getrennt in die Zwischenfrequenzstufe des Farbfernsehers geführt werden, nur so kommt man zu der hohen Auflösung und Farbreinheit.

Wenn man einen S-VHS- oder einen Hi8-Heimrecorder besitzt und auf ihn überspielen will, dann gilt das sinngemäß. Dafür gibt es am S-VHS- und am S-VHS-C-Camcorder die S-Buchse, die auch Y/C- oder Hosiden-Buchse genannt wird. Diese Buchse muß auch Ihr Farbfernseher haben. Während am High-Band-Camcorder die Y/C-Buchse, die vierpolige Hosiden-Buchse, eingebaut wird, gibt es am Farbfernseher zwei Buchsenarten:

- entweder die besagte Hosiden-Buchse oder
- eine zweite SCART-Buchse, die auf Y/C-Signale umgeschaltet werden kann.

In hochwertigen Farbfernsehgeräten findet man sogar beide Buchsen; man kann per Fernbedienung zwischen ihnen umschalten. Die Hersteller packen ihren High-Band-Camcordern S-Kabel bei, je nach Firmen-Philosophie mit Hosiden-Steckern an beiden Seiten oder mit Adapter .

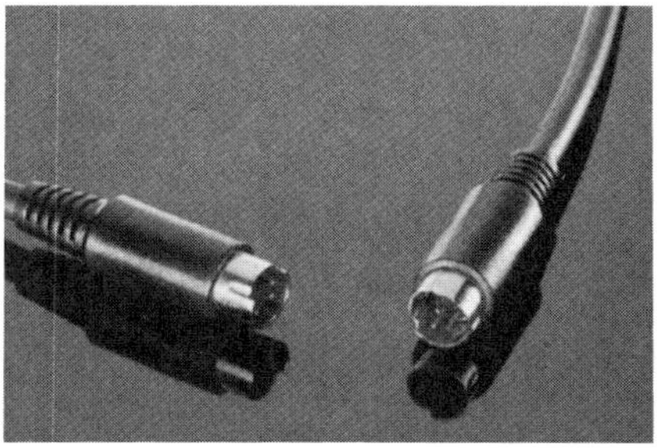

Für die Übertragung von einem S-VHS Videosignal benötigt man einen sogenannten S-Stecker, auch Hosiden-Buchse genannt.

Seit Neuestem bauen manche Firmen (z. B. Hitachi) in ihre High-Band-Camcorder auch eine Spezial-Buchse für Y-C-Signal mit Ton ein; das entsprechende Anschlußkabel liegt bei. Für externe Mikrofone und Ohrhörer sind 2-polige oder 3-polige Klinkenstecker und die entsprechende(n) Buchse(n) typisch als Ein- bzw. Ausgänge für Mikrofone und Ohrhörer (der 3-polige ist für den Stereoton da). Diese Stecker und Buchsen haben meist einen Durchmesser von 3,5 mm, seltener einen von 2,5 Millimeter. Adapter für diese Norm gibt es überall, sie sind seit Jahren für Audio-Geräte gebräuchlich. Den 2,5- oder 3,5-Klinkenstecker findet man manchmal auch an Kabelfernbedienungen, die nur ganz einfach zum Ein-/Ausschalten (oder Start/Stopp) dienen. Hier werden sie also zur Führung von Gleichstrom benutzt.

Der Verbindung von Netz-/Ladegerät und Camcorder, wie zur Vorführung, zum Schneiden und Überspielen, dienen meistens die Koaxial-Buchse und der Koaxial-Stecker – kurz Koax.

Nun gibt es noch Buchsen mit speziellen Aufgaben. Das Nachbearbeiten sprich Schneiden und Nachvertonen ist in. Damit das nicht zu mühsam wird, kann man bei einer ganzen Reihe von Camcordern ein spezielles „Edit"-Kabel anschließen und in die „Edit-Buchse“ des Heimrecorders stecken (wenn er eine hat). Dann starten, wenn alles richtig geschaltet ist, die Wiedergabe am Camcorder und die Aufnahme am Videorecorder auf einen Tastendruck (am Camcorder) gleichzeitig.

Es gibt bei diesen „Edit“-Buchsen und -kabeln Versuche, sie zu standardisieren, aber richtig durchgesetzt hat sich noch kein Standard. Zuletzt noch ein paar Tips: Wenn Sie Adapter und Kabel kaufen wollen, dann

- schauen Sie sich bitte zuhause die Geräte genau an, die Sie verbinden wollen;
- zeichnen Sie in Umrissen die dazu notwendigen Buchsen sowie
- die Signalwege („hier: Ton raus, da: Ton rein / hier: Bild raus / da: Bild rein“) auf.

Stürmen Sie nicht erst kurz vor Ladenschluß ins Geschäft, denn dann erwischen Sie meist die falsche Blisterpackung (Kabel und Adapter hängen ja meist in der Zubehörecke an der Lochwand), und das ist besonders am Samstag sehr ärgerlich.

Vor allem bei SCART-Adaptern muß man höllisch aufpassen: Um Geld und Gewicht zu sparen, sind meistens nur die Pole beschaltet, die man für eine bestimmte Verbindung braucht (ein voll beschaltetes SCART-Kabel ist so dick wie ein Daumen). Darum muß man sich den auf der Blisterkarte aufgedruckten Schaltplan genau anschauen – und auch mal einen sachkundigen Verkäufer fragen, wenn man einen findet – sonst kommt das Signal nie an den Pol, wo es hin soll.

Ob die Stecker hartvergoldet sein müssen, darüber kann man streiten, daß man aber mit superbilligen Kabeln und Adaptern gewaltigen Ärger bekommt, ist klar: Nur eine schlampige Lötstelle, ein schlechter Kontakt, und Sie können Ihre Überspielung erstmal vergessen – bis Sie ein besseres Kabel bzw. bessere Adapter haben.

Und wenn Sie sich gar einen neuen Fernseher und/oder einen neuen Videorecorder anschaffen, dann achten Sie doch auch darauf, daß Sie kein Modell aus der Steinzeit erwischen; moderne Farbfernseher und Videorecorder haben nämlich zusätzliche AV-Buchsen an der Frontseite; Sie als Videofilmer haben viel mehr Freude an solchen Geräten als an denen, die Sie erst mühsam aus der Schrankwand wuchten müssen, bevor Sie einen Camcorder anschließen können.

Das gehört zum guten Ton

Grausig heult der Wolf im Gruselschocker, mit kreischenden Reifen rast das Polizeiauto hinter den Gangstern her, zarte Violinen umschmeicheln das Paar, das sich glücklich doch noch gefunden hat, und ohne das hintergründige Grummeln des Kontrabasses oder auch das Klappern von Kastagnetten (wie eine superlaute Klapperschlange) würden wir Zuschauer gar nicht merken, daß der Heldin/dem Helden größte Gefahr droht.

Der Hollywoodfilm „Erdbeben" („Earthquake") geht dem Kinobesucher durch Mark und Bein; der „Beschuß" mit fast nicht mehr hörbaren (weil fürs menschliche Gehör zu tiefen), aber mit großer Energie eingespielten Frequenzen läßt fast die Bauchdecke flattern. Kurzum: Erst durch den Ton werden laufende Bilder zu einem Film.

„Erst durch den Ton werden laufende Bilder zu einem Film und mancher Film verdankt seinen Erfolg zu einem erheblichen Teil der Filmmusik"

Daß es mal einen Stummfilm gab, ist kein Gegenbeweis; denn bekanntlich gab ja in Großvaters Kinematographentheater ein Pianist während jeder Vorstellung sein Bestes, um dem Stummfilm emotional auf die Sprünge zu helfen. So mancher Film verdankt seinen Erfolg zu einem erheblichen Teil der Filmmusik. Denken Sie nur an „Der Clou" (der Ragtime), an „Apokalypse Now" (der Hubschrauberangriff mit „Walkürenritt"), an „Spiel' mir das Lied vom Tod".

Auch ein Videofilm ist ohne Ton unvollständig wie ein Rahmen ohne Bild. Umgekehrt aber kann der Ton die Wirkung eines Videos ungeheuer steigern. Unvergeßlich bleibt für mich (und viele Freunde) folgendes Amateurvideo: Ein japanischer Garten im Regen; ein kleiner Tempel; einige wenige Besucher stehen oder sitzen stumm da; der Filmer nimmt die stillen, aber konzentrierten Menschen auf – meist halbgroß oder Gesichter – und legt später eine Musik aus der europäischen Klassik (Mozart vom mitgebrachten Walkman) darunter. Die Atmosphäre, die Musik – faszinierend! Die Jury im Wettbewerb gab dem Video den ersten Preis, ohne Gegenstimme.

Stiefkind: Ton

Warum erzähle wir das so ausführlich? Weil's mit dem Ton immer noch ein echtes Kreuz ist bei der Amateur-Videofilmerei. Das hat natürlich auch seine Gründe. Einerseits hat jeder Camcorder ein eingebautes Mikrofon, und jeder Camcorder nimmt ganz „von selbst“ zusammen mit dem Bild den Ton am jeweiligen Drehort auf, synchron und vollautomatisch ausgesteuert.

Andererseits: Eben aus diesem Grunde, wegen dieser schönen Selbstverständlichkeit, kümmert sich keiner um den Ton und vergibt dadurch ungeheure Möglichkeiten. Von der Industrie schätzt man den Anteil der Videofilmer, die dem Ton Aufmerksamkeit schenken, auf zwei bis fünf Prozent.

Und drittens: Es muß allerdings auch laut und deutlich gesagt werden, daß es viel leichter ist, am Drehort ein gutes Bild aufzunehmen als einen guten Ton. Ebenso deutlich muß man sagen, daß die Nachbearbeitung des Tons mit Amateurgeräten extrem schwierig ist. Manches, was im Tonfilmstudio auf Knopfdruck funktioniert, ist beim Amateurgerät überhaupt und prinzipiell nicht möglich.

Deshalb muß man vor Illusionen warnen: Mit der Forderung nach einem „perfekten“ Ton zum Video ist ein Videofilm-Amateur hoffnungslos überfordert, und sei er noch so engagiert.

Externe Mikrofone mit unterschiedlicher Richt-Charakteristik werden als Zubehör für Camcorder von zahlreichen Herstellern angeboten.

Das Mikrofon

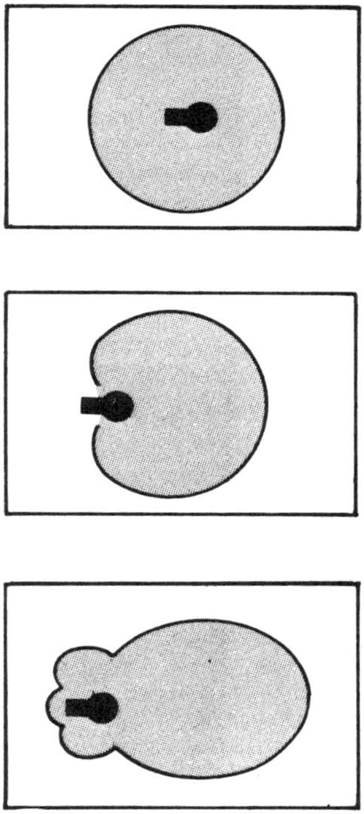

Die Schemazeichnungen oben symbolisieren die Richt-Charakteristiken von Kugel- (oben), Nieren- (Mitte) und Richtmikrofonen, wie sie von Tokina angeboten werden.

Betrachten wir die Sache mal vom Anfang, von der Live-Aufnahme am Drehort an. Unser Camcorder hat ein eingebautes Elektret-Kondensator-Mikrofon. (Für technisch Interessierte: Darin befindet sich eine Membran mit „eingebauter“ Vorspannung; daher der Name Elektret. Druckwellen in der Luft – Geräusche eben – lassen die Membran hin- und herschwingen; das erzeugt in einem parallel dazu eingebauten, elektrisch leitenden Plättchen Signale.) Solche Mikrofone sind ein guter Kompromiß zwischen Abmessungen, Preis und Leistung.

Bei manchen Camcordern ist das Mikrofon ziemlich empfindlich für die Geräusche des Camcorder-Laufwerks, des Autofokus- und Zoommotors sowie für Griffgeräusche (wenn der Kameramann z. B. eine Taste drückt.) Sie hören also auf der Aufnahme ein mehr oder weniger deutliches „Sägen“, Surren und/oder Tappen. Das hängt auch davon ab, wo am Camcorder-Körper das Mikrofon eingebaut (je weiter weg von den Geräuschquellen, desto besser), und wie gut es gelagert ist (Geräuschdämpfungs-Maßnahmen). Testberichte in guten Fachzeitschriften geben Auskunft über die Empfindlichkeit des jeweiligen Modells gegenüber Laufwerks-, Zoom-, Autofokus- und Griff-Geräuschen. In sehr kleinen Camcordern ist das Mikrofon meist fest in das Gehäuse integriert, also gegen diese Übel recht empfindlich.

Jedes Mikrofon hat eine bestimmte „Charakteristik“. Von Kugelcharakteristik spricht man, wenn das Mikro Geräusche aus allen Richtungen nahezu gleichstark aufnimmt. Bei Nierencharakteristik nimmt es die von vorn kommenden Geräusche stärker auf als die von hinten kommenden; diese Nach-Vorn-Ausrichtung ist bei der Superniere noch stärker und beim Richtmikrofon am stärksten. Die meisten Camcorder-Mikrofone haben eine Nierencharakteristik. Das bedeutet:

- Wenn der Kameramann beim Drehen laut schnauft, redet oder gar Regieanweisungen brüllt, kommt das voll auf den Ton.

● Heute gibt man dem Amateur gewaltige Telebrennweiten in die Hand, man baut Sechsfach-, Achtfach- oder gar Zwölffach-Zoomobjektive ein, von Wechselobjektiven und Tele-Objektivvorsätzen ganz zu schweigen. Arbeitet der Videofilmer mit der Telebrennweite, stimmen Bildgröße und „akustische Distanz" nicht mehr überein. Sie nehmen ja nur den Ton rund um den Camcorder auf und nicht den Ton, der vom Motiv kommt. Der Ton „zoomt" nicht mit!

Beispiel: Ein idyllischer See im Abendsonnenschein; Sie filmen ein draußen auf dem See dahingleitendes Segelboot; neben Ihrem Camcorder plappert frohgemut die Ehegattin, die Freundin oder der Sprößling. Das Geplapper ist dann voll im Ton und stört die Idylle erheblich.

Ein anderes Tonproblem entsteht häufig bei Interviews; Bei Aufnahmen mit dem Camcorder-Mikrofon sind die interviewten Personen meist schlecht oder gar nicht zu verstehen, und bei Großaufnahmen hört sich, was sie sagen, „sehr weit weg" an. Es gibt auch das umgekehrte Problem, nämlich bei Groß- und bei Makroaufnahmen: Sie filmen bildfüllend eine wunderschöne Hibiskusblüte, und hinter Ihrem Rücken donnern die 40-Tonnen-Lastzüge vorbei, angereichert durch kreischende Mopeds – auch das haben Sie voll im Ton.

„Wenn wir einen guten Ton aufnehmen wollen, müssen wir lernen, so zu ‚hören' wie ein Camcorder-Mikrofon"

Überhaupt werden Sie spätestens beim Anschauen und bewußten Anhören Ihrer Aufnahmen feststellen, wie stark unsere Umwelt auch akustisch verschmutzt ist. Das Mikrofon „hört", was wir schon nicht mehr wahrnehmen: Die Flugzeuge am Himmel, die Motorboote am anderen Ufer und das Stimmengewirr aus dem nahen Biergarten. Was sagt uns das? Wenn wir einen guten Ton aufnehmen wollen, müssen wir lernen, so zu „hören" wie ein Camcorder-Mikrofon.

Ein anderes gravierendes Problem ist der Wind. Gegen das Blubbern des Windes im Mikrofon ist noch kein Kraut gewachsen; man hört's, trotz der mehr oder weniger gut funktionierenden, zuschaltbaren Windfilter, die zunehmend in Camcorder-Mikrofone eingebaut werden.

Die vollautomatische Aussteuerung des Ton-Aufnahmepegels wird von den meisten Amateur-Videofilmern freudig begrüßt; man braucht sich nicht darum zu kümmern. Die Sache hat aber auch ihre spezifischen Schattenseiten: Die Automatik neigt zum a) „Rauschen" und b) „Pumpen". Das heißt:

a) Kommt am Drehort nur leiser Schall ins Mikrofon, „zieht" die Tonausteuerungs-Automatik den Verstärker voll auf; das Verhältnis von Nutz- zu Störsignal (S/N für Signal-to-Noise-Ratio) wird schlecht, die Tonaufnahme rauscht.

b): Gibt es im allgemeinen Geräuschpegel am Drehort mehrfach impulsartige, erheblich lautere Schallereignisse (Knalle), zieht die Automatik jedesmal mit einer gewissen Verzögerung den Pegel runter und dann, wieder mit Verzögerung, wieder auf „Normal"; der Ton der Aufnahme schwillt unnatürlich auf und ab, kurzum: er „pumpt".

Was können wir nun aber tun, um die Tonprobleme wenigstens teilweise zu lösen?

Gegen das Pumpen der Automatik hilft nur die Aussteuerung der Tonaufnahme von Hand; allerdings bieten nur hochwertige (und relativ teure) Camcorder diese Möglichkeit. An 99 Prozent aller Camcorder kann ein externes Mikrofon angeschlossen werden. Entweder kann man das mitgelieferte Mikrofon einfach herausziehen, weil es am Camcorder in einer schlichten Klinkenbuchse (mit 3,5 mm oder 2,5 mm Durchmesser) steckt (siehe Bedienungsanleitung); oder es gibt zum Anschluß eines externen Mikrofons eine ebensolche, separate Klinkenbuchse.

Steckt man in diese Klinkenbuchse den passenden Klinkenstecker, so wird das eingebaute Mikro dabei abgeschaltet. Das sollten wir uns gut merken, denn das hilft uns aus mancher Klemme.

Die Camcorder-Hersteller, aber auch die Zubehör-Firmen, bieten eine ziemliche große Auswahl an externen Mikrofonen für die Videofilmerei an:

- Mikrofone mit deutlich besserem Frequenzgang, auch in Stereo-Ausführung, für bessere Aufnahmen zum Beispiel von musikalischen Ereignissen;
- Mikrofone mit langem Kabel, sodaß man das Mikro näher an die Schallquelle

Super-Nierencharakteristik die vorwiegend von vorn auf das Mikrofon fallenden Ton aufzeichnet, besitzt das Videorichtmikrofon EM 196 von Vivanco.

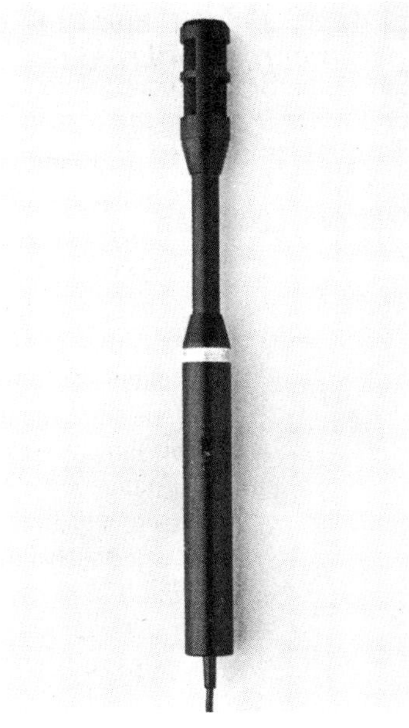

Zubehör für das EM 196 Richtmikrofon von Vivanco: Ein Spiralkabel mit 3,5 mm Klinkenstecker und einen Mikrofonhalter.

heranbringen kann als den Camcorder (unter Umständen sehr nützlich, z. B. wenn man ein auf einem Podium stattfindendes Ereignis aufnehmen will – vorausgesetzt, man kommt mit der Verlegung des Kabels zwischen den anderen Zuschauern klar);

- Richtmikrofone mit Windschutz;
- Mikros mit Parabolspiegel (Superrichtwirkung), so daß man z. B. an wildlebende Tiere akustisch herankommt;
- Winzige Personenmikrofone zum Anstecken für Interviews geeignetoder auch Tischmikrofone für ähnliche Anwendungen;
- Unterwasser-Mikrofone für Schnorchler und Taucher.

Wenn die genannten Maßnahmen nun aber alle nicht helfen, dann haben wir zwei Möglichkeiten:

1. Wir drehen ohne Ton. Besonders bei den romantisch-idyllischen Einstellungen (Abend am See, Hibiskusblüte) ist es besser, auf den Originalton am Drehort zu verzichten, wenn er die im Bild eingefangene Stimmung zerstört. Wir drehen also stumm und legen zuhause einen Ton und/oder eine schöne Musik drunter. Wie dreht man stumm? Wenn das Camcorder-Mikrofon herausziehbar ist, ziehen wir es heraus; wenn es abschaltbar ist, schalten wir es ab; geht keins von beiden, beschaffen wir uns eines Klinkensteckers ohne Kabel, der in die Buchse für das externe Mikrofon paßt, und stecken ihn hinein, und das eingebaute Mikro ist „tot".

2. Wir nehmen den Originalton separat auf, mit einem guten, netzunabhängigen Tonaufnahmegerät, z. B. mit einem Walkman oder noch besser mit einem von den neuen DAT-Recordern. Auch hier müssen wir leider wiedermal eine Illusion zerstören: Die spätere Überspielung des Originaltons auf das geschnittene Video gelingt niemals synchron, weil sich Amateur-Videogerät und Amateur-Tonbandgerät nicht synchronisieren lassen. Noch nicht, wollen wir sagen, denn technisch gibt es die Möglichkeit durchaus, und bei den professionellen Geräten ist sie selbstverständlich.

Typisches Mikrofon Zubehör: Adapter, Kabel mit Klinkensteckern, Windschutz, Mikrofonhalter und Kameraschuh.

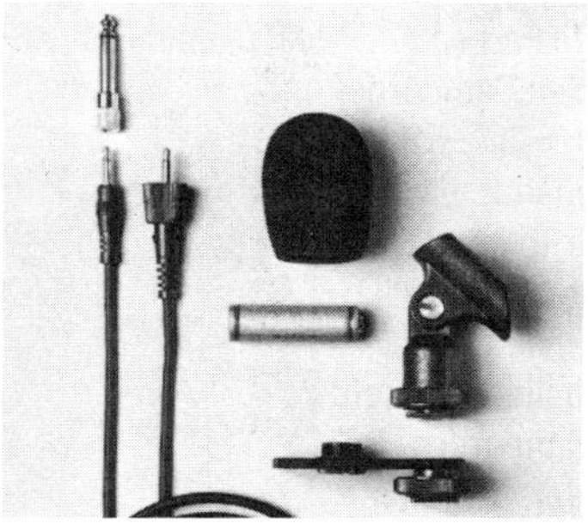

Das Problem mit der Synchronität wird riesig bei einem Sonderfall der Videofilmerei: Das ist die Aufnahme von Live-Musik im weitesten Sinne, wozu wir hier auch die Session im Jazzlokal, den Karnevalszug, das Sommerfest, den Umzug der Schützenbrüder, den Feuerwehrball und Vergleichbares rechnen. Oft sind solche Ereignisse in einer Gemeinde, einem Verein, einer Schule die Höhepunkte des Jahres; dem kategorischen Befehl aus Freundeskreisen: „Das nimmst Du auf!" kann sich der Videofilmer kaum entziehen. Kaum eine Aufgabe ist schwieriger. Der Normalfall spielt sich so ab: Eingekeilt in eine Traube festlich gestimmter Zeitgenossen bemüht sich der Videofan, die musikalische Darbietung einzufangen. Sie dauert drei, fünf oder noch mehr Minuten. Schon nach einer, spätestens nach der zweiten Minute überkommt den Kameramann tiefes Unbehagen: Der Arm wird steif, der Schweiß rinnt, das Sucherokular beschlägt und die Kapelle gibt optisch effektiv nichts mehr her. Jedes Gesicht, jedes Instrument ist sattsam registriert – was nun?

Praktisch für Interviews und Kommentare: Krawatten-Mikrofone wie dieses von hama.

Nun wäre ein Stellungswechsel gut, man müßte Zwischenschnitte von den Festgästen drehen. Aber wie?

- Marschiert der Kameramann mit laufendem Camcorder los – sofern die Menge ihn läßt -, dann gibt das im Bild a) katastrophale Verwackelungen und b) zahlreiche unscharfe Partien.
- Schaltet er aber für den Stellungswechsel den Camcorder ab, fehlt ihm – unwiederbringlich – ein Stück der Live-Musik, und an den „Schnittstellen" (wo er aus-/eingeschaltet hat) gibt es brutale Sprünge im Ton. (Der vorige und der folgende Ton passen nicht zusammen.) Was kann man tun? Die eine Möglichkeit besteht darin, daß zwei (oder noch mehr) Camcorder gleichzeitig aufnehmen: Der eine hält voll auf die Kapelle und dreht wenigstens ein Musikstück voll durch, besser mehrere. Der zweite Camcorder dreht gleichzeitig die Zuschauer / Festgäste.

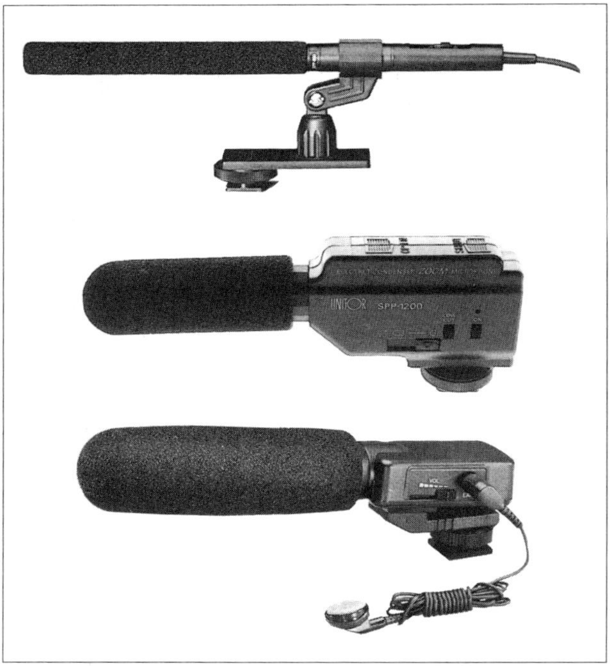

Voraussetzung für den guten Ton sind gute Mikrofone. Das Bild oben zeigt das SPP 600 Teleskop-Mikrofon von Tokina, darunter das Zoom-Mikro SP 1200 und das SP 1300 mit integriertem Verstärker.

Das Band mit der Kapelle dient als Basis; seine Tonaufnahme läuft durch; vom anderen Band (den anderen Bändern) nimmt man nur die Bilder, d. h. die schönsten Teile, und setzt sie als Insertschnitte in das Basisband ein. Das Verfahren hat den Vorteil, daß wenigstens dann, wenn die Musiker im Bild sind, Bild und Ton synchron laufen.

Die zweite Möglichkeit: Man macht mit einem Tonbandgerät die Musikaufnahme. Man schneidet das Bildband zusammen und legt die Musik darunter.

Video und Ton nicht synchron

Das ist leichter hingeschrieben als getan, denn wie wir oben schon sagten, sind Video- und Tonbandgerät nicht synchronisierbar. Das heißt: Wenn Sie die Bild- und die Tonkassette gleichzeitig bei Null starten, liegen schon nach wenigen -zig Sekunden, geschweige denn nach Minuten, das „Klatsch“ im Bild und das „Klatsch“ im Ton nicht mehr genau „aufeinander“. Bild und Ton sind asynchron. Das merkt der Mensch sofort.

Sie als Amateur können dagegen gar nichts tun, Ihnen bleibt nichts übrig als zu schummeln:

- Entweder zeigen Sie im Bild das „Klatsch“ nicht so genau (also: wie der Schlagzeuger mit dem Stick auf die Trommel schlägt, der Gitarrist die Saite anreißt, der Zuschauer die Hände zusammenschlägt), oder
- Sie „ziehen“ den Ton etwas herunter und legen einen Kommentar darüber. Dabei wäre ein Ton-Mischpult mit Eingängen für mehrere Tonquellen (Mikrofon, Tonband, Plattenspieler, CD-Player) und Kopfhörer-Ausgang nützlich. Besitzen Sie Videogeräte mit Stereoton, dann sollten die Eingänge zweikanalig ausgelegt sein. Wie man die Ton-Ausgangsbuchse(n) des Ton-Mischpultes mit dem Aufnahme-Videogerät (Camcorder, Heim-Videorecorder) verbindet, darüber sprechen wir im Kapitel „Von Steckern und Adaptern“.

Was macht das Tonmischpult? Da stellen wir uns ganz dumm und sagen so: Man kann mehrere Tonquellen (siehe oben) reinführen, durch „Auf-“ und „Zuziehen“ der Schiebesteller (meistens, sonst sind es Drehsteller) den gewünschten Ton (die Töne) anwählen, auch im fließenden Übergang, das gegenseitige Verhältnis der Lautstärken beeinflussen, diese Mischung am Kopfhörer kontrollieren, live dazu sprechen und die ganze Mischung (die „Summe“) auf den Ausgang legen, dessen Pegel mit einem weiteren Schiebesteller beeinflußt werden kann.

Bei Stereo-Tonmischpulten können Sie sogar das Verhältnis von linkem zu rechtem Kanal beeinflussen oder auch die Seiten umkehren (was von rechts erklang, klingt dann von links). Bei manchen Tonmischpulten läßt sich sogar der Frequenzgang beeinflussen, Sie können also beispielsweise Höhen (oder Bässe) anheben bzw. absenken.

Tonmischpulte werden zu absolut amateurgerechten Preisen in mehreren Leistungsstufen von zahlreichen Camcorder- und Zubehörfirmen angeboten. Einige Firmen kombinieren auch das Tonmischpult mit einem Bild-Trickpult; es gibt sogar die Kombination aus Tonmisch-/Bildtrick-/Schnittsteuer-Pult.

In der Praxis sähe die Tonmischung so aus, daß Sie sich das Bildband anschauen und an der richtigen Stelle den richtigen

Um verschiedene Tonquellen, wie Tonband, Schallplattenspieler und Mikrofon zusammen zu mischen dienen Mischpulte wie der Video Sound Mixer VSM 514 von Hama für Stereoton.

Schieber (mit Musik, Geräusch etc. aufziehen bzw. Ihrem Kommentar ins Mikro sprechen. Das erfordert natürlich Geistesgegenwart und Übung. Wenn Ihnen das zu hektisch wird, können Sie natürlich die Mischung erstmal auf eine Tonbandkassette aufspielen, von der aus Sie das Bildband nachvertonen.

Nun haben wir schon mehrmals von Nachvertonung gesprochen; es bleibt es uns leider nicht erspart, uns mit den technischen Gegebenheiten zu befassen. Bei VHS und seinem verkleinerten Abkömmling, dem VHS-C, und ebenso bei Super-VHS und Super-VHS-C, wird der Ton immer (auch) von einem starr befestigten Tonkopf auf eine Längsspur entlang der Bandkante aufgezeichnet, und zwar analog und amplitudenmoduliert.

Mit einem Tonkopf mit zwei übereinander befindlichen Kopfspalten kann man sogar einen Stereoton aufzeichnen – man teilt also einfach die etwa einen Millimeter breite Längs-Ton-Spur in zwei Sparten. Das wird allerdings bei den Camcordern nicht gemacht, und bei VHS-Heimrecordern trifft man es immer seltener, weil es inzwischen ein besseres Verfahren gibt – siehe unten. Das wird mancher bedauern, denn bei etlichen VHS-Heimrecordern mit Stereoton konnte man statt des Stereotons auch zwei verschiedene Tonaufnahmen machen, also etwa eine Musik und einen Kommentar...

Das Problem bei dieser Längsspur-Analog-Aufnahme ist nur: Das Magnetband im Videogerät läuft sehr langsam, bei VHS und seinen „Abkömmlingen“ mit nur 2,339 Zentimeter pro Sekunde, und das ist halb so schnell wie in Ihrem Audio-Kassetten-Recorder. Darum bietet dieses Tonverfahren eine stark eingeschränkte Qualität, sie liegt etwa bei der Qualität von Mittelwellen-Hörfunk.

Benutzt man aber nun den Camcorder auch noch im Long-Play-Modus, um die Spielzeit der eingelegten Kassette zu verdoppeln, dann wird die Bandgeschwindigkeit bekanntlich noch einmal halbiert. Dann vermindert sich die Qualität der Längsspur-Tonaufzeichnung noch einmal beträchtlich.

Eine weitere Beeinträchtigung, vor allem ein stärkeres Rauschen, tritt ein, wenn man die Aufnahme auf ein anderes Band überspielt, denn eine – analoge – Kopie ist immer schlechter als das Original. Dies bedenkend, haben die Ingenieure für VHS und VHS-C etwas Besseres erfunden: Die Schrägspur-Aufzeichnung.

Mit der (ebenfalls analogen) FM-Aufzeichnung mit bewegten Köpfen auf Schrägspuren läßt sich ein HiFi-Stereo-Ton beinahe so gut wie von einer Compact Disc aufzeichnen und wiedergeben. Wir finden dieses Verfahren in hochwertigen VHS-, VHS-C, Super-VHS- und Super-VHS-C-Camcordern.

Die FM-Aufzeichnung auf Schrägspuren geht so: Auf der Kopftrommel, die die Video-Köpfe trägt, werden auch zwei Audio-Köpfe montiert. Die Trommel rotiert sehr schnell, wie man weiß, mit 1.500 Umdrehungen pro Minute, oder bei kleineren Trommeln (um noch kleinere Camcorder zu bauen) noch schneller. Die Bandgeschwindigkeit spielt nun keine Rolle mehr, wichtig ist allein die relative Geschwindigkeit zwischen dem Band und den Köpfen, und die liegt nun bei VHS nebst allen „Verwandten" bei 4,85 Meter pro Sekunde. Das ist schneller als beim sündteuren Profi-Tonbandgerät (19 oder 38 Zentimeter pro Sekunde).

„Wichtig ist allein die relative Geschwindigkeit zwischem dem Band und den Köpfen"

Das ergibt eine hervorragende Qualität, die auch bei Aufnahmen im Long-Play-Modus voll erhalten bleibt. Die Kopie von diesem ausgezeichneten Original ist natürlich auch sehr erfreulich. Die frequenzmodulierten Audio-Signale befinden sich haargenau auf denselben Schrägspuren wie die Bildsignale, sie sind untrennbar miteinander verbunden.

Darum kann man die Schrägspur-Tonaufnahme nicht nachvertonen, ohne das Bildsignal zu zerstören. Zur Nachvertonung direkt im VHS- bzw. VHS-C-Camcorder steht aber die Mono-Längsspur zur Verfügung, dies natürlich auch nur dann, wenn der Camcorder bzw. Heimrecorder mit der Nachvertonungs-Möglichkeit („Audio Dub") ausgestattet ist. Dazu gehört, daß er Eingangsbuchsen für Bild- und Tonsignale besitzt.

Trifft das nicht zu, bietet Ihr Camcorder also kein „Audio Dubbing", dann gibt es mehrere Möglichkeiten:

● Sie legen die VHS-Kassette in Ihren Heim-Videorecorder (die VHS-C-Kassette in der Adapter-Kassette) und führen darin die Nachvertonung aus, vorausgesetzt natürlich, Ihr VHS-Heimrecorder ist mit „Audio Dubbing" ausgestattet.

● Wenn nicht, können Sie das Originalband auf die Kassette im Heimrecorder überspielen, und zwar nur über die Bildleitung; der neue Ton kommt dann über die Tonleitung vom Mischpult bzw. von einem Audio-Tonbandgerät, auf das Sie (siehe oben) die Mischung aufgespielt haben.

Wenn Sie, verehrte Leserin, sehr geehrter Leser, diesen Artikel bis hierhin gelesen haben, werden Sie sagen:

Die Sache mit dem Ton und seiner Nachbearbeitung ist eine ziemlich komplizierte Sache! Wenn es Sie tröstet: „Auch (Kino-) Film und Fernsehen scheitern oft am Ton!" (Originalzitat eines bekannten Redakteurs und Moderators vom ZDF).

Für die Ton-Aufnahme und die -Nachbearbeitung werden Toningenieure mit jahrelanger Erfahrung benötigt, und eine gewaltige Apparatur. Die ist einmal sehr teuer, zum zweiten aber ist sie extern synchronisierbar: Ein zentraler Taktgeber zwingt sämtliche Bild- und Ton-Aufnahme- und -wiedergabemaschinen zum Gleichlauf. Das heißt: Wenn ich die Bild- und die Tonbänder bei Null starte, laufen sie auch nach Stunden noch synchron (der „Klatsch" im Bild trifft genau auf den „Klatsch" im Ton – wenn nicht, ist die Maschin' kaputt). Bei Amateurgeräten gibt es das nicht. Darum sollte niemand die Illusion erwecken, der Amateur könne einen Videoclip mit Musik „wie im Fernsehen" herstellen. Das „Schneiden" auf Musik – auf einen Sechzehntel Takt – „geht" mit Amateurgeräten (noch) nicht.

Um so mehr begeistert es – annähernd fachkundige – Zuschauer, wenn einem engagierten Amateur trotz der beschriebenen Schwierigkeiten ein guter Schnitt, eine gute Nachvertonung gelingt. Und schließlich: Ein Hobby, bei dem es keine Schwierigkeiten zu überwinden gibt, ist gar kein richtiges Hobby. Warum wohl „begeht" ein echter Bergsteiger die Eiger-Nordwand? Er kann doch auch mit der Jungfraujoch-Bahn hinauffahren …

Tips, Tricks und Pannenhilfe

Da steht er nun, der Karton mit dem funkelnagelneuen Camcorder. Von der freudig erregten Familie umringt bemüht sich der Familienvorstand, das neu gekaufte Wunderwerk von seinen Umhüllungen zu befreien.

Hier ein erster Tip: Gottseidank ist die Camcorder-Verpackung nicht sehr groß – bitte bewahren Sie sie komplett auf! Denn: Man kann einen Staubsauger, Mikrowellen-Ofen, Farbfernseher etc. ziemlich problemlos ohne Verpackung zur Fachwerkstatt am Ort bringen. Ein Camcorder aber muß zur Reparatur fast immer per Lastwagen oder Bahn an den Hersteller zurückgeschickt werden. Sein Innenleben ist zu klein und zu kompliziert für den normalen Rundfunk-/Fernsehmechaniker, und für die Reparatur werden spezielle Werkzeuge und Meßgeräte benötigt. Wer aber einen Camcorder ohne seine „maßgeschneiderten" Styroporschalen verschickt, muß mit Zerstörungen „dritten Grades" rechnen. Doch zunächst denkt man natürlich nicht an eventuelle Reparaturen. Frohgemut hält Vater das Gerät in der Hand und will filmen. Eigentlich müßte er aber erstmal die Bedienungsanleitung lesen. Mit Bedienungsanleitungen ist das so eine Sache; man fürchtet sie, aber man kommt ohne sie nicht aus. Denn:

„Wer einen Camcorder ohne seine ‚maßgeschneiderten' Styroporschalen verschickt, muß mit ernsteren Zerstörungen rechnen"

- Wenn Sie den Camcorder in Betrieb nehmen, sehen Sie im Suchermonitor und, wenn vorhanden, auf einem LCD (Liquid Crystal Display, zu deutsch Flüssigkristall-Anzeige) eine Anzahl von Hinweisen und Anzeigen in Form von Buchstaben, Ziffern und Zeichen. Natürlich müssen Sie wissen, was sie bedeuten. Das erfahren Sie aus der Bedienungsanleitung.
- Sie haben eine Menge Geld für sogenannte „Features" (Ausstattungsmerkmale) in Ihrem Camcorder ausgegeben. Da gibt es beispielsweise Kurzbelichtungszeiten (man spricht auch vom High Speed Shutter), Titel-Speicher und womöglich Titel-

Generatoren, Trickmöglichkeiten wie etwa Positiv-/Negativ-Umschaltung; in manchen Camcordern gibt es sogar Programmautomatiken, mit denen Sie bestimmen können, wie Ihr Bild aussehen soll (möglichst große Schärfentiefe oder möglichst geringe, möglichst wenig Bewegungsunschärfe bei Sportaufnahmen und so fort). Wie und mit welchem Ergebnis man sie einsetzt, sagt die Bedienungsanweisung.

Wir sagen Ihnen hier, wie das unbeliebte Studium der Bedienungsanleitung zum Vergnügen werden kann; Sie sollten das Folgende allerdings vor den ersten „ernstgemeinten" Dreharbeiten absolvieren:

In einer stillen Stunde, am besten, wenn Sie allein zuhause sind und Sie niemand stört,

- machen Sie den Camcorder aufnahmebereit;
- Sie schließen ihn an Ihr Fernsehgerät an; dabei merken Sie auch, wie das geht, und ob das mitgelieferte Kabel zu der Buchse / den Buchsen an Ihrem Fernseher paßt/passen, oder ob Sie Adapter (Anpassungsstücke) brauchen;
- Sie stellen die Lautstärke am Fernsehgerät auf Null (sonst nervt ein schriller Pfeifton);
- Sie legen die Bedienungsanleitung vor sich hin, und einen Notizzettel mit Stift.

Und nun probieren Sie in Ruhe der Reihe nach, wie in der Bedienungsanleitung dargestellt, alle Knöpfe, Tasten und Features aus. Dabei sollten Sie auch darauf achten, wie das Bild aussieht, etwa wenn bei zu wenig Licht aufgenommen wird, und wie sich Tageslicht, Kunstlicht und Mischbeleuchtung auswirken. Wie das ist, wenn man aus der Hand mit der „längsten" Telebrennweite arbeitet (das Bild wackelt grausam), und wie lange der Autofokus braucht, um die Schärfe einzustellen, wenn Sie schnell von „Weitwinkel" auf „Tele" zoomen. Die unmittelbaren Auswirkungen Ihres Tuns sehen Sie ja direkt auf dem Bildschirm. Dabei achten Sie auch immer auf die jeweiligen Anzeigen im Suchermonitor und auf dem LCD-Feld.

Die Versuche nehmen Sie natürlich auch auf die Kassette auf (die können Sie später aufs Neue bespielen, mit „richtigen" Aufnahmen), und notieren, was Sie jeweils gemacht haben; am Ende schauen Sie sich die Testkassette genau an, wobei Sie Ihre Notizen konsultieren. Dabei werden Sie mit dem Camcorder vertraut, Sie bekommen das Gefühl dafür, wie man ihn anfaßt, keine blinkende Anzeige vermag Sie mehr zu irritieren, und die Features nutzen Sie souverän. Das sind die besten Startbedingungen für Ihre erste „echte" Aufnahme.

Ist Ihnen das zu umständlich? Nun gut – es gibt auch den anderen Weg – auch sehr lehrreich, aber dornig, wie Sie gleich sehen werden. Technisch begabt, wie er ist, hat Vater, ohne einen Blick in die Bedienungsanleitung, den Akku ins Akkufach eingesetzt, die „Power"-Taste zum Einschalten gefunden, und die „Eject"-Taste, die das Kassettenfach öffnet, in welches er eine Kassette einlegt. Und schon videofilmt er? Ja denkste. Das Sucherbild bleibt schwarz, und nichts rührt sich. Ist das gute Stück kaputt? Keineswegs. Von tausend verkauften, originalverpackten Camcordern sind statistisch nicht mehr als zwei bis drei kaputt, das versichert uns der langjährige Kundendienstleiter eines großen Camcorder-Herstellers. Nein, der Grund für den Streik des Camcorders liegt darin, daß der Akku entladen ist! (Daß der Kassettenschacht dennoch aufsprang, ist kein Gegenbeweis!) Alle Akkus werden „leer" geliefert. Der Akku muß erstmal eine Stunde oder mehr ans Netz-/Ladegerät, bevor das erste Bild aufs Band kommt. Das heißt – Kommando zurück: Man kann natürlich das Netz-/Ladegerät mit der Stromdose einerseits und mit dem Camcorder andererseits verbinden. Das entsprechende Kabel ist entweder fest am Netz-/Ladegerät, oder es wird lose mitgeliefert – schauen Sie mal in die Bedienungsanleitung. So hängt man zwar „an der Strippe", aber erste Aufnahmen sind nun möglich. Filmen und zugleich den Akku Laden – das geht allerdings nicht.

„Alle Akkus werden ‚leer' geliefert. Der Akku muß eine Stunde ans Netz/Ladegerät, bevor das erste Bild aufs Band kommt"

Doch – wo fehlt es jetzt wieder? Zwar haben wir nun ein wunderschönes Bild im Sucher, aber aufnehmen? aufnehmen tut er – unter Umständen – immer noch nicht. Sehen Sie, er hätte doch die Bedienungsanleitung lesen sollen.

Ein Camcorder besteht aus zwei Geräten: einer Farb-Video-Kamera und einem Farb-Video-Recorder. Der Kamerateil wandelt Licht in Signale, die der Recorder auf Magnetband aufnehmen und später wiedergeben kann. Man muß also einstellen, was man will: Videofilmen oder Wiedergeben. Bei vielen Camcorder-Modellen ist die Einschalttaste ein Schiebesteller, der drei Positionen hat: „Camera" für Videofilm-Aufnahmen,

„Aus“ (dann ist der Strom ausgeschaltet) und „VCR“ (Abkürzung für englisch Video Cassette Recorder) zum Wiedergeben.

Steht der Schieber in der Position „VCR“, dann sind für seine Bedienung ganz andere Tasten „zuständig“ (sie sind oft unter einem Deckel verborgen) als in der Betriebsart „Camera“. Zum Videofilmen muß der Schieber also auf „Camera“ stehen.

Bei anderen Camcordermodellen kennt die Einschalttaste nur die Positionen „Ein“ und „Aus“. Der Camcorder „merkt sich“ dann die Betriebsart, die beim Ausschalten eingestellt war, und arbeitet beim erneuten Einschalten erst einmal in der zuletzt eingestellten Betriebsart weiter. Mit der Stopp-Taste (eine von den

Durch Herausbrechen der Löschsperre wird bei den meisten die Überspielung vor unbeabsichtigtem Löschen geschützt. Manche Hersteller verwenden auch Schieber, wie diese Zeichnung zeigt.

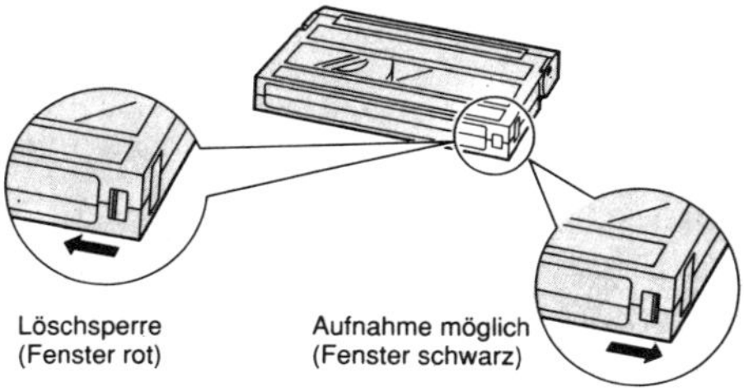

speziell für die Betriebsart „VCR“ zuständigen) kann man auf „Camera“ umschalten.

Aber nun ist es soweit: Der geladene Akku steckt in seinem Fach, eine Kassette ohne Löschsperre ist im Kassettenfach.

Löschsperre? Was ist das? Bei VHS-, VHS-C-, S-VHS- und S-VHS-C-Kassetten gibt es an der Rückseite eine Lasche; bricht man sie heraus, ist die Kassette gesperrt. Die durch das Herausbrechen entstandene Vertiefung kann man mit Klebefilm überkleben, dann ist die Kassette wieder für Neuaufnahmen „offen“. Also nun – Akku drin, Kassette drin, Camcorder an- und auf „Camera“ geschaltet: Geht's nun wirklich los? Womöglich nicht, denn wenn Sie jetzt nur weißliches „Gegriesel“ auf dem Sucherbild sehen, dann steckt der Objektivschutzdeckel noch auf dem Objektiv (und Ihre Kinder johlen vor Vergnügen). Sogar zu einem so simplen Ding wie dem Objektivdeckel gibt es mehr zu sagen, als man auf den ersten Blick glaubt.

1. Wenn Sie nicht gerade aufnehmen, setzen Sie ihn immer aufs Objektiv auf. Sie bewahren damit die Frontlinse vor Staub und vor Fettfinger-Abdrücken. Noch wichtiger, ja ungeheuer wichtig ist der Deckel an der See: Eingetrocknete Salzwasser-Spritzer bekommen Sie fast nicht mehr von der Frontlinse ab, und die Beschichtung ist höchst gefährdet. Wenn aber – z. B. beim Aufnehmen – Salzwasser auf die Frontlinse kommt, dann wischen Sie es sofort mit einem Linsentüchlein ab, lassen Sie es bloß nicht antrocknen!

Ein weiterer Grund, warum der Objektivdeckel aufs Objektiv gehört: Strahlt die Sonne durch das ungeschützte Objektiv, kann es zum Brennglas-Effekt kommen, der Bildwandler („CCD“) wird stark erhitzt und dadurch beschädigt, und das wird eine sehr teure Reparatur.

2. Wenn Sie den Objektivdeckel abgenommen haben, baumelt er an einem Schnürchen herum. Weht nun ein etwas stärkeres Lüftchen, baumelt er vors Objektiv und damit durchs Bild. Abhilfe: Meistens gibt's am Objektivdeckel eine Klammer, mit der Sie ihn an der Handschlaufe feststecken können – Sie sollten das auch wirklich tun.

Und schließlich 3. In manchem Objektivdeckel sitzt eine milchweiße Scheibe. Sie dient dem manuellen Weißabgleich.

So nun aber – endlich – können wir aufnehmen. Das macht zunächst keine Probleme, denn am Camcorder gibt es für alles Automatiken:

- Die eine stellt die Schärfe ein (Autofokus).
- Die zweite steuert die Lichtmenge, die auf den Bildwandler fällt (Blendensteuerung oder Automatic Exposure Control, abgekürzt AE).
- Ist die Lichtmenge sehr gering, sorgt eine Verstärkungsschaltung (Automatic Gain Control) dafür, daß man später trotzdem ein Bild sieht (wenn auch vielleicht mit etwas Rauschen und blassen oder verfälschten Farben).
- Die dritte sorgt dafür, daß – bei üblicher Lichtmenge – die Farben schön natürlich „kommen“ (Weißabgleich oder White

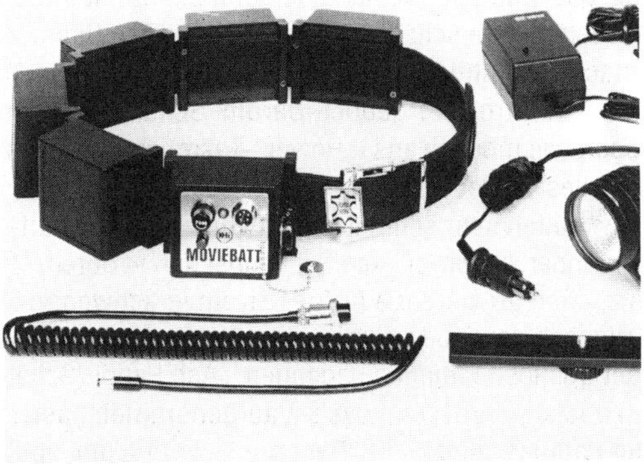

Die Energieversorgung ist bei Außenaufnahmen mit dem Camcorder das zentrale Problem. Hier der Akku-Gürtel der Firma Himmelreich.

Balance, abgekürzt WB). Der Videofilmer braucht sich also um nichts zu kümmern, er muß nur die Start-/Stopp-Taste drücken (die liegt am Handgriff in Reichweite des Daumens und ist in der Regel rot).

Und nun passiert ein typischer Anfängerfehler, man möchte fast sagen: unausweichlich. In jedem Anfänger-Video gibt's „fünf Minuten Bürgersteig". Der Anfänger vergißt, am Ende auf die Start-/Stopp-Taste zu drücken, die Aufnahme läuft folglich munter weiter, der Camcorder filmt den Bürgersteig (oder das finstere Innenleben der Camcorder-Tasche, oder was sonst per Zufall vors Objektiv gerät).

Nicht nur, daß sich jeder über einen solchen minutenlangen „Schnappschuß" ärgert – damit wird ja auch völlig sinnlos Strom aus dem Akku verschwendet.

Hier hilft einzig und allein Disziplin! Hämmern Sie sich ins Gedächtnis ein: Erst stoppen (die Aufnahme nämlich – dann erscheint auf dem Sucher der Hinweis „Pause"), dann absetzen (den Camcorder vom Auge).

Eine zweite Art sinnloser Stromverschwendung ist bei Anfängern ebenfalls sehr „beliebt": Man beläßt den Camcorder im Modus „Aufnahme/Pause" und stellt ihn irgendwo hin. Natürlich verbraucht der Camcorder nun Strom: Der Suchermonitor arbeitet, die Kopftrommel rotiert, der Autofokus reagiert auf jede Bewegung vor der Frontlinse (und verschiebt unentwegt die Fokussierlinsen und/oder den Bildwandler).

Zwar haben die Hersteller eine Schaltung in die Camcorder eingebaut, die das sinnlose Treiben nach drei bis fünf Minuten automatisch beendet: Sie schaltet – Gottseidank – den Camcorder ganz einfach ab, schon um das Magnetband zu schonen. Aber bis dahin wird Strom vergeudet. Darum: Schalten Sie den Camcorder sooft wie möglich aus („Power"-Taste). Keine Sorge, daß Sie was Tolles verpassen: Die heutigen Camcorder gehen nach dem Einschalten sehr schnell in Aufnahme-Bereitschaft – deswegen geht Ihnen bestimmt kein Schnappschuß verloren.

Die nächste, auch gravierende Art der Stromverschwendung wird oft auf Wunsch der lieben Kindlein, der treusorgenden Ehegattin oder der goldigen Freundin begangen: „Ach Pappi (Schatzi), laß' mich doch mal gucken, was Du aufgenommen hast!!" Dann schaltet Pappi (Schatzi) auf „Recorder"-Betrieb um, spult das Band um einiges zurück, tippt auf die „Play"-Taste (für Wiedergabe), das Kindlein / die Gattin / die Freundin preßt das Äugelchen aufs Sucherokular und sieht sich die Aufnahmen an. Da jeweils nur einer ins Okular gucken kann, wird das Ganze mehrfach wiederholt. Das kostet Strom, kann ich Ihnen sagen!! Nicht ganz so gravierend, aber doch merkbar wirkt es sich auf den Stromverbrauch aus, wenn Sie sehr oft zoomen, das heißt mit dem Zoommotor die Brennweite verstellen. (Diese Pseudo-Ran- und Rückfahrten sind bei Anfängern sehr beliebt. Lassen Sie sie darum weg; das Zoomen im Bild ist eine Pest!!) Warum hier soviel vom Strom die Rede ist? Weil der „leere" Akku die Hauptursache für die bittersten Enttäuschungen beim Videofilmen ist. Sie irren sich gründlich, wenn Sie glauben, das zentrale Problem beim Videofilmen sei die Gestaltung genialer Bildkompositionen, die kreative Selbstverwirklichung durch eine individuelle, einzigartige, nie zuvor gesehene Bildsprache, der temporeiche, rhythmische Schnitt.

„Schalten Sie den Camcorder so oft wie möglich aus, um Strom zu sparen"

Das größte Problem ist vielmehr: Wo krieg' ich Strom her? Ohne Strom geht nichts, und die schönsten Szenen, die besten Motive passieren immer dann, wenn Sie keinen „Saft" mehr haben. Dann schaltet Ihr Camcorder unwiderruflich ab. Eine Faustregel heißt: Je kleiner und leichter der Camcorder, desto kleiner und leichter der Akku, desto geringer seine Fähigkeit,

Strom zu speichern (man nennt das Kapazität), und desto kürzer die Spielzeit pro Akkuladung.

Die Kapazitäten bei Camcorder-Akkus gehen von 1000 mAh (Milliampere pro Stunde) bis 2400 mAh. Die Hersteller geben in der Bedienungsanleitung eine bestimmte Spieldauer pro Akkuladung an; die wird aber oft unter unrealistischen Bedingungen ermittelt. Ziehen Sie rund ein Drittel ab, dann liegen Sie ungefähr richtig. Bei Mini-Akkus können Sie (Faustregel) mit etwa 30 Minuten Spielzeit rechnen, bei den ganz großen (2400 mAh) mit vielleicht anderthalb bis knapp zwei Stunden. Da Sie – nehme ich mal an – nicht wie oben beschrieben Strom vergeuden, hängt die echte Spielzeit pro Akkuladung vom Zustand des Akkus ab, und wie Sie mit ihm umgehen.

„Je kleiner und leichter der Camcorder und der Akku sind, desto kürzer wird die Spielzeit pro Akkuladung"

- Ganz neue Akkus, oder monatelang unbenutzt gelagerte Akkus, erreichen nur einen Teil ihrer ursprünglichen Kapazität; ein Akku wird erst richtig gut, wenn er drei- bis viermal völlig ent- und wieder voll aufgeladen wurde.
- Ein Akku, der mehrfach nur halb entladen ist und dann nachgeladen wird, „merkt" sich das (Memory-Effekt); er gibt dann nur noch einen Teil des Stroms ab.
- Jeder Akku verliert „von selbst" Strom (Selbstentladung), aber besonders viel, wenn Sie ihn im Camcorder lassen.
- Bei hoher Luftfeuchtigkeit (an der oder auf See, in den Tropen) entladen sich Akkus geradezu rasant.
- Bei sehr tiefen Temperaturen (zum Beispiel beim Wintersport) gibt der Akku 20 bis 40 Prozent weniger Strom her.

Was schließen wir daraus?

1. Der mitgelieferte Akku reicht nicht mal für einen Nachmittag im Tierpark, und schon gar nicht, wenn er (der Akku) nahezu „jungfräulich" ist. Ohne wenigstens einen geladenen Reserveakku brauchen wir gar nicht aus dem Haus zu gehen.

2. Unverpackte Akkus und ein Schlüsselbund (oder andere elektrisch leitende Metalle) gehören nicht zusammen in eine Tasche: Das kann zum Kurzschluß führen.

3. Auch im schlimmsten Stress und in der größten Hektik schmeißen wir einen Akku nie auf den Tisch oder gar auf den Boden; das könnte sein Inneres (die Zellen) beschädigen.

4. Bevor wir ihn neu aufladen, sorgen wir dafür, daß jeder Ak-

ku ganz entladen ist (Camcorder schaltet ab). Moderne hochwertige Netz-/Ladegeräte sorgen durch eine spezielle Schaltung („Discharge“) dafür, daß der eingelegte Akku erst völlig ent- und dann geladen wird. Diese Netz-/Ladegeräte beherrschen auch die „Erhaltungsladung“, das heißt: Der Akku ist im angeschlossenen Netz-/Ladegerät; dieses kontrolliert den Ladestrom so, daß der Verlust durch Selbstentladung ausgeglichen wird, aber keine Überladung stattfindet. Der Akku ist immer in Top-Form.

5. Bei Temperaturen unter Null Grad bewahren wir die einzel verpackten Akkus (Plastiksäckchen) in den Innentaschen des Anoraks (Mantels etc.), damit sie es warm haben.

Feuchtigkeit ist Gift für den Camcorder. Schutzhüllen von ewa Marine erlauben Videoaufnahmen auch bei schlechtem Wetter.

6. Reisen wir in Gebiete mit hoher Luftfeuchtigkeit, verpacken wir vor der Abreise jeden Akku einzeln in eine kleine, gut verschließbare Plastiktüte und geben Silikat-Kissen dazu, die Luftfeuchigkeit aufsaugen.

So, nun hoffe ich, daß Ihnen beim Videofilmen nie mehr der Strom ausgeht.

Zum Thema Luftfeuchtigkeit eine Anmerkung, die nicht direkt mit dem Akku zu tun hat: Luftfeuchtigkeit kondensiert bekanntlich an kalten Flächen. Im Camcorder gibt es eine rotierende Videokopftrommel; diese ist hochglanzpoliert. Komme ich nun beispielsweise bei kaltem Winterwetter mit einem Camcorder von draußen in die mollig warme Skihütte, dann kondensiert durch den Temperaturwechsel die Feuchtigkeit der Luft an der Kopftrommel. Dasselbe geschieht, wenn ich in den Tropen aus einem von der Klimaanlage gekühlten Zimmer hinaus in die feuchtwarme Luft gehe. Auch dann bilden sich winzige Wassertröpfchen auf der Kopftrommel.

Was passiert nun? Schalte ich nun den Camcorder an, dann erscheinen in der Anzeige die Buchstaben „DEW“ (englisch für Tau, Feuchtigkeit), und er schaltet sich von selbst wieder ab.

Das ist auch gut so. Denn durch die Feuchtigkeit würde das Band an der Kopftrommel kleben, und da diese sehr schnell rotiert, würde es zerreißen. Der Camcorder streikt darum, bis die Feuchtigkeit völlig verdunstet ist. Das geht am schnellsten, wenn man die „Eject“-Taste drückt (der Kassettenschacht öffnet sich) und die Kassette herausnimmt. Dann wärmt sich das Innenleben des Camcorders am raschesten auf.

Wir haben oben das Thema „Reisen“ angesprochen. Da müssen wir uns natürlich Gedanken darüber machen, wie wir den Camcorder plus Zubehör verstauen. Den Camcorder „nackt“, ohne Behältnis, mitzunehmen ist bodenloser Leichtsinn. Der Sand am Badestrand, ein Regenguß, der rasche Griff eines Straßendiebs – und Sie können Ihr Gerät vergessen. Es gibt ausgeschäumte Hartschalenkoffer für Camcorder. Manche Anbieter

Sie sind ebenso elegant wie robust: Die stabilen Videokoffer von Cullmann.

liefern ihn sogar kostenlos mit. Der Hartschalenkoffer eignet sich wunderbar zum Transport im Auto und im Zug. Bei Flügen – Sie kennen die Problematik – würde ich den Camcorder nicht aufgeben, sondern als Handgepäck (nach erfolgreicher Überwindung der Sicherheitskontrolle) mit in die Kabine nehmen. So geeignet der Hartschalenkoffer als Schutz beim Transport ist – beim Drehen ist er unbrauchbar.

1. Das Herausnehmen des Camcorders aus dem Koffer dauert zu lange und ist ausgesprochen lästig; Sie müssen den Koffer irgendwo absetzen und brauchen zum Herausnehmen zwei Hände, denn der Camcorder sitzt oft ziemlich fest in den maßgerecht ausgeschäumten Vertiefungen und wird zudem noch von Klettbändern gehalten.

2. In den jeweiligen Koffer paßt, wegen der ausgeschäumten Vertiefungen, auch nur genau das Zubehör hinein, was der Hersteller vorgesehen hat.

3. Ist am Koffer kein Tragegurt vorgesehen, müssen Sie ihn ständig in der Hand tragen – unmöglich!

Sie brauchen also zum Videofilmen eine Camcorder-Tasche. Wenn Sie Sportler sind, etwa mit dem Rad fahren oder Skilanglauf betreiben, empfiehlt sich eine Camcorder-Tasche, die mit einem Schultergurt ausgerüstet ist, aber genausogut auch als Rucksack auf dem Rücken getragen werden kann. Wählen Sie die Tasche sorgfältig und mit Bedacht aus. Sie muß wasserabweisend sein, formstabil und reißfest. Mit der Zeit kommt doch einiges Zubehör dazu, die Tasche muß deshalb groß genug sein, trotzdem soll der Camcorder darin nicht lose herumfliegen. Man muß also auf die Gestaltung der Innenfächer achten; nehmen Sie am besten Ihren Camcorder mit ins Geschäft.

Vor allem aber: Man sollte den Camcorder mit einer Hand und ohne Fisimatenten schnell und leicht aus der Tasche nehmen können. Die schönsten Ereignisse und Motive kommen immer, wenn Sie am wenigsten daran denken, und dann müssen Sie schnell „schußbereit“ sein.

Anmerkung: Für kleinere Camcorder gibt es wirklich Taschen, die wie ein größeres Pistolenhalfter gestaltet sind; man trägt sie am Gürtel und kann sehr schnell „ziehen“.

So, nun haben Sie das technische Drum und Dran im Griff, Sie kennen Ihren Camcorder in- und auswendig, nun sind Sie fit fürs Videofilmen. Sie brauchen nur noch zu gestalten.

Mit dem Camcorder sehen lernen

Viele äußerst kluge Menschen haben in unzähligen Videofilmbüchern ungeheure Mengen von Vorschriften zur Gestaltung von Videos niedergeschrieben. Ich halte nichts von Vorschriften. Beim Film, und da kommt Video schließlich her, ist alles möglich, alles erlaubt. Ich möchte Ihnen nur kurz sagen dürfen, was ich vorschlagen würde:

● Die einzelne Einstellung nicht zu kurz aufnehmen. Erstens braucht der Camcorder nach dem Start eine bis dreieinhalb Sekunden, bevor er aufnimmt. Und zweitens schneidet er, um die nächste Aufnahme fehlerfrei anzusetzen (Assemble-Schnitt), eine bis drei Sekunden hinten von der vorigen Aufnahme weg. Sechs bis zehn Sekunden ist das Minimum pro Aufnahme.

● Halten Sie den Camcorder nicht wie eine Schmalfilmkamera vors Auge. Klappen Sie das Sucherokular hoch, schauen Sie von oben hinein, und stützen Sie den Camcorder zusätzlich mit der linken Hand. Das hat folgende Vorteile: Der Camcorder (und damit das Bild) wackelt weit weniger, und: Sie kommen weg von der stinklangweiligen Einstellung „Augenhöhe des Erwachsenen". (Diese Einstellung ist z. B. bei Kindern und kleineren Tieren schrecklich – gehen Sie runter von Ihrem hohen Roß!).

● Hektisches Zoomen und Schwenken, womöglich unmittelbar beim Beginn einer Einstellung, unterlassen wir. Denn erstens bekommt ein späterer Betrachter Null Chance, sich zu orientieren („Wo sind wir hier überhaupt?"); und zweitens haben Sie Null Chance zu schneiden. Darum:

● Beginnen und enden Sie auf einem stehenden Objekt.

● Drehen Sie nicht nur Großaufnahmen von Ihrer Gattin.

● Wenn aber, dann soll sie nicht dauernd an den Bildrand stoßen oder sogar rauslaufen. Wählen Sie eine etwas totalere Einstellung (Experten sprechen von „2/3-Füllung", d. h. die Person füllt nur 2/3 der Bildfläche). Das gilt natürlich noch mehr für alles, was sich rasch bewegt (Tiere, Kinder).

Es gäbe noch mehr zu sagen. Da Sie aber Spaß am Videofilmen haben, merken Sie das auch so. Den wichtigsten Satz aber darf ich Ihnen nicht verschweigen:

So raffiniert (und teuer) Ihr Camcorder auch ist – das Video machen Sie, nicht das Gerät. Worauf es dabei ankommt? Darauf, daß Sie sehen lernen – mit dem Camcorder sehen lernen.

Konverter: Durch Vorsätze die Brennweite verändern

Brennweite und Bildwinkel sind zwei physikalische Begriffe, die etwas über die „Sehfähigkeit“ eines Objektivs aussagen. Doch erst zusammen liefern sie die Information, um beispielsweise entscheiden zu können, ob es sich dabei um eine Tele- oder eine Weitwinkeleinstellung handelt. Das wesentliche Merkmal eines Objektivs ist die Brennweite, denn sie bestimmt die Größe der Abbildung und den Bildausschnitt. Dabei ist es für viele immer wieder verwirrend, daß bei einer Videokamera 48 mm Brennweite schon ein großes Teleobjektiv sein soll. Bei einem Kleinbildfotoapparat ist das ein Normalobjektiv. Für Mittelformatkameras wäre es sogar eine Superweitwinkel-Objektiv. Das ist erst in Verbindung mit dem Aufnahmewinkel und im Vergleich zum menschlichen Sehwinkel interpretierbar. Ganz gleich, ob es sich um einen Film, eine Röhre oder einen Chip handelt, das Licht fällt auf unterschiedlich große Empfangsflächen. Die Diagonale dieser Empfangsfläche entscheidet darüber, was eine Normal-, eine Tele- oder Weitwinkelbrennweite ist. Die Diagonale der Aufnahmefläche als Brennweite liefert in all diesen Fällen ein Bild, das dem normalen menschlichen Sehwinkel entspricht.

So darf ein Kleinbildobjektiv 55 mm Brennweite aufweisen und ein Camcorderobjektiv 9 mm Brennweite. Beide zeichnen einen Bildwinkel von 46° auf und erhalten so auch gleiche Bildausschnitte. Aus diesem Grunde kann man die Brennweite eines Camcorders stets mit dem Faktor 9 multiplizieren, um eine Vorstellung davon zu haben, wie groß ein solches Objektiv im Fotobereich (Kleinbild) ist. Dabei entsprechen dann 70 mm Brennweite beim Video 630 mm beim Kleinbild.

Wenn aber bekannt ist, daß 9 mm die Standardbrennweite ist, dann ist alles über 9 mm bereits ein Teleobjektiv, und was kleiner - sprich kürzer als 9 mm Brennweite ist, fällt in den Weitwinkelbereich. Alle Brennweiten länger als 9 mm haben also einen kleineren Aufnahmewinkel als beim menschlichen Sehwinkel und vergrößern demzufolge das Motiv. Alle Brennweiten unter 9 mm (beim Camcorder) zeichnen demzufolge einen größeren Bildwinkel auf und bringen alles kleiner, dafür aber in der Gesamtheit mehr Motiv aufs Bild.

Da alles sich auch proportional verhält, kann im Telebereich genau wie bei einem Fernglas der Vergrößerungsfaktor oder im Weitwinkelbereich der Verkleinerungsfaktor festgestellt werden. Dazu muß einfach die Brennweite durch 9 dividiert werden. So vergrößert dann eine Telebrennweite von 72 genau achtmal das Motiv. Es holt einen Gegenstand achtmal näher (72:9=8) heran, genau so nah wie ein Fernglas.

Doch bei der geringen Größe der CCD-Chips ist es bisher nicht möglich, zu akzeptablen Preisen und in angemessener Qualität Objektive zu bauen, die auch einen großen Weitwinkelbereich aufzeichnen können. Daher gibt es immer Probleme,

Die beiden Bilder oben zeigen den Unterschied des Bildausschnittes bei maximaler Telestellung des eingebauten Camcorder-Objektivs (links).

So sieht der Bildausschnitt bei einer normalen Weitwinkelstellung des Camcorder-Objektivs aus.

wenn in Innenräumen mehrere Personen gemeinsam in einer Szene sichtbar sein sollen. Dies läßt sich kurzfristig nur durch einen Objektivvorsatz lösen. Ideal ist ein „Weitwinkel 0,5", das die Brennweite des Camcorders um den Faktor 0,5 verkürzt und so den Aufnahmewinkel verdoppelt. Aus dem 9-mm-Standardbrennweiten- wird dann ein 4,5-mm-Superweitwinkel-Objektiv. Rein rechnerisch wird auch aus dem 20-mm-Tele ein 10-mm-Tele. Doch warum mit diesem Vorsatz in den Telebereich gehen, wenn der schon am Original-Objektiv vorhanden ist? Außerdem verschlechtert jeder Vorsatz die maximale Leistung des Objektivs. Im Weitwinkelbereich geht es aber nicht anders. Die Vorsätze werden vorne in die Filterfassung des Objektivs geschraubt und können auch bei der automatischen Scharfstellung und Belichtung benutzt werden. Für Aufnahmen im Telebereich sollten die Vorsätze sofort wieder abgeschraubt werden.

Wenn jedoch aus irgendwelchen Gründen die vorhandene Brennweite des Camcorderobjektivs nicht ausreicht, lassen sich auch im Telebereich Objektivvorsätze aufschrauben. Selten sind diese vom Original-Hersteller zu beziehen. Spezialisten fürs Zubehör liefern Objektivvorsätze, die die Brennweiten von 1,5- bis zu 12 fach verlängern. Ein solches 12fach-Objektiv in Verbindung mit einer 70-mm-Teleeinstellung kann schon einen einzelnen Krater vom Mond formatfüllend aufzeichnen. Doch gelingen wird es kaum, denn das Verwacklungsrisiko wächst um den gleichen Faktor. Ferner dürften die atmosphärischen Gegebenheiten selten so sein, daß eine derart starke Vergrößerung sauber aufzuzeichnen ist.

„Mit Brennweiten über 90 mm können garantiert keine Freihandaufnahmen in aktzeptabler Qualität gemacht werden"

Eine Steigerung der Camcorder-Brennweite um das Vierfache ist vielleicht für eine Safari in Afrika empfehlenswert oder allgemein bei Tieraufnahmen. Die Sonne beim Sonnenuntergang ist hierfür meistens schon zu groß. Die erhält man bestimmt mit einem 1,5-oder 2fach-Vorsatz schon so groß, daß die Ränder in der Atmosphäre zu zerfließen scheinen. Aber all das funktioniert nur, wenn die Belichtungszeit durch den Shutter verkürzt und ein stabiles Stativ zum Einsatz kommen. Vergrößerungen über 10fach, also über 90-mm-Brennweite sind garantiert nicht freihand in technisch akzeptabler Qualität aufzuzeichnen. Doch schon ein stabiles Einbeinstativ kann in Verbindung mit einem

Vorsatz sogar einen ausgewachsenen Löwen formatfüllend ins Bild rücken. Der Rennwagen auf dem Nürburg- oder Hockenheimring ist beeindruckend gelungen, obwohl man einen weit entfernten Platz hatte.

In jedem Fall sollte man den Camcorder beim Kauf des Vorsatzobjektivs dabei haben, um den Vorsatz zur Probe aufschrauben zu können. Beim Durchfahren des gesamten Zoombereichs des Originalobjektivs sollte dabei besonders auf die Bildecken geachtet werden, damit es dort nicht zu unerwünschten Abdunkelungen, zu Vignettierungen kommt.

Die Tele- bzw. Weitwinkelvorsätze HR 0,65 und HR 1,5 von Hama.

Ferner sollten extreme Vorsätze (ab 4fach etwa) mit einer zusätzlichen Objektivhalterung versehen werden, denn das ganze Objektiv hat nur Halt im verhältnismäßig kleinen Filtergewinde des Original-Objektivs. Das wird oft nicht ausreichen. Ein kleiner Schlag, ein Stoß an die Tischkante oder an die Wand kann genügen, um das Vorsatzobjektiv aus dem Filter gewinde herauszubrechen.

Der Televorsatz HR-12 wird mit Stütze am Camcorder-Objektiv angebracht.

Nahlinsen für alle Brennweiten

Auch wenn der Camcorder am Objektiv eine eigene Makro-Einstellung hat, kann eine Nahlinse oder noch besser ein Vorsatzachromat ein höchst wirkungsvolles Zubehör sein. Das Hauptproblem der Makroeinstellung ist meist die extreme Nähe zum Motiv, das manchmal kaum einen Millimeter von der Frontlinse entfernt ist. Der Bereich hingegen, der irgendwo zwischen 1,5 und 1 Meter beginnt und etwa 30 cm vor dem Objektiv endet, wird nur von wenigen Objektiven ausreichend erfaßt. Dabei gibt es gerade in diesem Bereich eine Vielzahl von Video-Motiven, und es kann ein spannendes Erlebnis sein, auf die kleinen Naturschönheitenzu reagieren und sie in Videoszenen voller Atmosphäre umzusetzen.

Je näher die Videokamera am Motiv ist, um so sorgfältiger ist auf die Entfernungseinstellung zu achten, weil die Schärfentiefe mit dem Anwachsen des Abbildungsmaßstabes geringer wird. Deshalb ist es im Nahbereich sinnvoll, zu versuchen, die Motivebene möglichst parallel zur Filmebene verlaufen zu lassen. Also ruhig die Videokamera einmal direkt nach unten richten und nicht von schräg oben die Szene festhalten. Direkt von oben in die Blüte schauen, so daß die grafische Kreisform wirklich kreisrund im Sucher zu sehen ist. Dann ist auch die Schärfe über das ganze Bild gleichmäßig verteilt.

Die Vorsatzlinse ist vergleichbar mit einem Brillenglas, das es in diesem Fall einem sonst weitsichtigen Objektiv ermöglicht, auch im Nahbereich scharf zu sehen. Qualitativ wesentlich besser ist ein Vorsatzachromat, der schon ein kleines optisches System und demzufolge korrigiert ist. Novoflex hat diese Art Achromaten für Video-Objektive im Lieferprogramm. Die Nahlinse (und der Vorsatzachromat) ist eine Sammellinse, die ihre Wirkung durch Verkürzen der Brennweite des verwendeten Objektivs erzielt. Die Brennweite wird kürzer, der Abstand zum Film damit optisch verlängert. Das Objektiv sieht nun im Nahbereich, aber nicht mehr bis unendlich. Nahlinsen, deren Kennzeichnung

Tele-Konverter und Macro-Vorsatz-Achromat für große Abbildungen von kleinen Objekten aus der Distanz.

durch Angabe der Dioptrien erfolgt, verlangen keinen Verlängerungsfaktor und können auch bei Tele- oder Weitwinkeleinstellung genutzt werden. Der Autofokus bleibt ebenfalls erhalten.

Die verschiedenen Stärken der Linsen stehen für unterschiedliche Entfernungsbereiche. 1 ist dabei schwächer als 2 und 2 schwächer als 3; doch 2 zusammen mit 1 ergibt 3 und wirkt wie eine Nahlinse mit 3 Dioptrien. So ermöglichen nur zwei Linsen Motiventfernungen von etwa 150 bis 25 cm. Die Linse mit der Stärke 1 reicht bei Einstellung auf Unendlich von 1 m bis 50 cm (bei einer Einstellung des Objektivs auf 1 m), Stärke 2 von 50 Zentimeter bis etwa 33 cm und beide zusammen dann von 33 cm bis etwa 25 Zentimeter. Aus dieser Entfernung wird dann eine Postkarte fomatfüllend aufgenommen. Man muß sich also für die eine Nahlinse nur den weitest entfernten und den nächsten Punkt merken, um die Nahlinse optimal einsetzen zu können. Die Nahlinse ist ja nur vorne ins Objektiv geschraubt worden. Der genaue Bildausschnitt kann leicht auf dem Monitor beurteilt und durch das Verstellen der Brennweite somit auch problemlos den jeweiligen Wunschvorstellungen des Videografen angepaßt werden.

Hochwertige Vorsätze zur Erweiterung des Weitwinkel-, Tele- und Makrobereichs werden von Sigma angeboten.

Mit dem Camcorder auf Reisen

Bevor Sie eine Reise antreten, haben Sie doch sicher dieses Buch genau durchgelesen. Sie wissen Bescheid über die technischen Möglichkeiten Ihres Camcorders und haben weder mit der Lichtführung noch dem Ton Schwierigkeiten, auch Zoomen, Kamerafahrten und Schwenks sind für Sie keine böhmischen Dörfer mehr. Dann fehlt nur noch wenig, daß Ihr Urlaubsfilm ein perfekter Erfolg wird.

Versichert oder verunsichert?

Videoausrüstungen sind begehrte Objekte für Langfinger. Eine Versicherung für die wertvolle Ausrüstung erscheint daher mehr als sinnvoll. Doch auch die beste Versicherung deckt nicht jeden Schaden. Wer bei einem Schadensfall nicht leer ausgehen will, sollte sich genau, an die meist klein gedruckten Richtlinien halten. Reiseversicherungen sind bei der Schadensregulierung mehr als vorsichtig. Der Grund: Anscheinend fühlen sich Amateurbetrüger in fernen Landen unbeobachtet und sicher und konstruieren gerne einen Fall zu ihren Gunsten.

In vielen Fällen lehnt die Versicherung eine Schadensregulierung auch mit der Begründung ab, der Versicherte hätte sich grob fahrlässig verhalten. Zum Beispiel:

Sie hängen im italienischen Restaurant die Tasche mit Ihrer Ausrüstung über die Stuhllehne, um sich in Ruhe dem Kampf mit den Spaghettis zu widmen. Schlägt dabei ein Dieb zu, sind Sie meistens der Angeschmierte. Nach gängigen Gerichtsurteilen haben Sie grob fahrlässig gehandelt. Dasselbe gilt, wenn ein geschickter Dieb bei einem Ampelstop der Oma den Camcorder vom Schoß reißt. Im Auto sind Wertgegenstände sowieso fast nie versichert. Hoffen Sie im Zweifelsfall auf die Kulanz der Versicherung, die manchmal eine pauschale Enschädigung für das komplette aus dem Auto verschwundene Gepäck von 500 Mark zahlt. Unbedingt notwendig ist als Nachweis die Anzeige bei der örtlichen Polizei. Auch mit den Aussagen „offizieller" Personen wie Busschaffner, Portiers etc wachsen die Chancen, bei der Versicherung glaubhaft zu erscheinen. Die Meldung eines Schadenfalles sollten Sie von einem Anwalt gegenlesen lassen.

Gut gerüstet

Gerade auf Reisen sollte man für alle Eventualitäten gut gerüstet sein. Dazu gehört:

- Zwei oder auch mehr Ersatzakkus, damit Ihnen am Strand, in der Wüste oder in Feld und Flur nicht bei der schönsten Szene die Energie ausgeht;
- Eine Videoleuchte damit Sie auch beim romantischen Lagerfeuern nicht im Dunklen stehen;
- Ein Staubpinsel und ein Reinigungstuch für das Objektiv;
- Einige Säckchen mit Silicagel, die in tropischen Ländern die in der Videotasche entstehende Feuchtigkeit aufsaugen;

Die schönste Zeit für Videofime: Reisen in ferne Gegenden, aber auch im eigenen Land

- Ein Stativ (notfalls auch nur ein Einbeinstativ);
- Ausreichend Ersatzkassetten für die ganze Reisezeit;
- Ein Cassettenrecorder oder ein Tonbandgerät, mit dem Sie zusätzliche Ton- oder Geräuschaufnahmen mit Originalatmosphäre aufnehmen können;
- Eventuell einen Adapter, um damit andere Fernsehnormen zu überbrücken (siehe unten);

Andere Länder, andere Normen

In manchen Ländern der Erde weicht die Fernsehnorm, wie auch die Stromspannung, von unserer ab. Das heißt, bei einer anderen Fernsehnorm können Sie Ihr Video nicht (oder nur in Schwarzweiß) auf den dortigen Fernsehgeräten abspielen.

Die selbe Fernsehnorm, 625/50 PAL, wie in Deutschland gibt es in Mitteleuropa (außer Frankreich und den Beneluxländern), in Großbrittanien, Skandinavien und der Türkei. Außerdem in fast allen Ländern Afrikas, in Australien, Südostasien in Argentinien und Uruguay. Im Zweifelsfall sollten Sie bei der Botschaft oder dem Fremdenverkehrsamt des jeweiligen Landes nachfragen. Für andere Fernsehnormen gibt es zum Teil Adapter, die aber sehr teuer und meist auch sehr unhandlich sind.

Die Stromspannung kann bei fast allen Videogeräten entsprechend der Voltzahl umgestellt werden. Das heißt noch nicht, daß die Anschlußstecker passen. Dafür benötigt man Universalstecker, die zumindest in den meisten Ländern funktionieren.

In jedem Fall sollte man sich vor dem Anschluß an Stromquellen versichern, daß die entsprechende Spannung eingestellt ist, sonst kann es an den Geräten zu Schäden kommen.

Noch ein paar Tips

- In einigen Ländern müssen Sie bei der Einreise eine Einfuhrerklärung ausfüllen. Dafür sollten Sie den Kaufbeleg dabei haben – und genügend Geld, um eine Kaution zu hinterlegen.
- Vor der Abfahrt sollten vorsichtshalber immer alle wichtigen Camcorder-Funktionen überprüft werden.
- Ein Camcorder ist empfindlich gegen Staub, Sand und Feuchtigkeit. Am besten ist er in einer Videotasche aufgehoben. Sie sollten ihn nie ungeschützt im Auto oder am Strand liegenlassen. Ein Handtuch als Schutz ist besser als gar nichts.
- Mit unterschiedlichen Filtern können Sie nicht nur bei der Aufnahme verschiedene Effekte erzielen, auch in der „Ruhezeit“ schützt ein Filter Ihr Objektiv vor Kratzern und Schmutz.

Bevor Sie Ihre Geräte im Ausland an den Strom anhängen, überprüfen Sie, ob die Stromspannung die richtige ist.

- Nehmen Sie Ihre Videoausrüstung bei Flugreisen immer als Handgepäck mit.

Wartung und Pflege

Genau wie Ihr Auto regelmäßig Pflege und Wartung braucht, damit Sie lange Freude an ihm haben, so bedarf dessen auch Ihr Camcorder. Sowohl das Objektiv und das Kameragehäuse als auch die Videobänder müssen richtig aufbewahrt und gepflegt werden. Am wenigsten mag Ihre Videoausrüstung Feuchtigkeit, Staub, Sand und starke Sonneneinstrahlung. Direkte Lichteinstrahlung, auch von Lampen, schadet Kamera und Objektiv. Auch die Kassetten sind sehr empfindlich gegen Hitze. Ebenso kann ihnen die Nähe magnetischer Felder schaden. Starke Erschütterungen und Stöße verträgt der Camcorder schlecht. Am besten ist die Videoausrüstung unterwegs in einer entsprechenden Tasche oder in einem stabilen Videokoffer aufgehoben.

Am besten und sichersten ist Ihre Videoausrüstung in einer entsprechenden Videotasche oder -koffer aufgehoben.

Hitze und Feuchtigkeit

Wechseln Sie von der winterlichen Skipiste in die warme Hütte, bilden sich an der Oberfläche des Camcorders kleine Wassertröpfchen. Die Kassette muß dann herausgenommen werden, das Kassettenfach soll geöffnet bleiben. Bevor das Kondenswasser verdunstet ist, dürfen Sie den Camcorder auf keinen Fall benutzen. Das kann je nach Umgebungsfeuchtigkeit mehr als eine Stunde dauern. Wenn Sie Ihren Camcorder vor so einem Temperaturschock in eine Plastiktüte stecken, geht es schneller. Sie müssen dann nur warten bis sich das Gerät der Raumtemperatur angepaßt hat, bevor Sie es herausnehmen. Bei Regen, Nebel, in feuchten Klimazonen oder auch bei Bootsausflügen können Sie Ihren Camcorder mit einer durchsichtigen ewa-marine Hülle vor Nässe und Feuchtigkeit schützen.

Gut behütet

Videokassetten sollten nie im Camcorder aufbewahrt werden. Am besten sind sie aufrecht in einer Video-Kassettenbox aufgehoben. Wird die Camcorder Ausrüstung für längere Zeit weggelegt, sollten die Akkus vorher herausgenommen werden. Zu lange Ruhezeiten über mehrere Monate tun dem guten Stück gar nicht gut. Nehmen Sie deshalb ihren Camcorder zwischendurch immer mal wieder in Betrieb.

Auch müssen die Kamera und das Objektiv regelmäßig von Staub und Schmutz gereinigt werden. Das geschieht beim Objektiv am besten mit einem kleinen Optikpinsel und einem weichen fusselfreien Reinigungstuch. Mit dem Tuch können Sie auch das Sucherfenster der Kamera säubern.

Ab und zu sollten Sie Ihre Camcorder Ausrüstung vom Fachmann reinigen und überprüfen lassen. Gerade die Videoköpfe und die Kopftrommel haben diesen Service nötig. Sind sie verschmutzt wird das Bild schlechter.

Treten Funktionsstörungen auf, denen Sie nicht an Hand der Gebrauchsanweisung sofort auf die Schliche kommen, dann versuchen Sie auf keinen Fall selbst Reparaturen auszuführen. Meistens geht bei der „do it yourself-Methode“ mehr kaputt, als gerichtet wird. Da kommt der Fachmann billiger.

Noch einige Tips:

- Verwenden Sie immer die vorgeschriebenen Akkus!
- Schließen Sie den Camcorder nicht an falsche Stromspannungen oder Anschlüße an!
- Halten Sie sich auf alle Fälle immer an die Gebrauchsanweisung des Gerätes!

Lexikon der Fachausdrücke

A

Abtastgeschwindigkeit

Relativgeschwindigkeit zwischen dem Band und dem auf der rotierenden Trommel montierten Video- bzw. Audiokopf bei der Schrägspur-Aufzeichnung/ -Wiedergabe.

Achsensprung

Wird bei der Bildgestaltung als Fehler angesehen. Wenn sich z. B. zwei Personen gegenüberstehen, und Großaufnahmen ihrer Gesichter hintereinander geschnitten werden, schaut eine Person von rechts nach links; springt die Kamera über die gedachte Linie (Achse) zwischen beiden Personen, schaut die zweite Person auch rechts/links, die beiden sprechen von der Optik her gesehen nicht miteinander.

AGC

Abkürzung für englisch Automatic Gain Control, deutsch automatische Regelung der Verstärkung. Schwache Signale werden auf einen vorgegebenen Wert verstärkt. Beim Videofilmen bei zu wenig Licht wird allerdings auch das Störsignal verstärkt.

Akku

Abkürzung für Akkumulator, zu deutsch: (Strom-) Sammler; er speichert mit Hilfe chemischer Prozesse den elektrischen Strom. Im Gegensatz dazu erzeugt die Batterie durch chemische Prozesse Strom.

Akustische Rückkopplung

Schließt man den eingeschalteten Camcorder an den laufenden Fernsehapparat an, ertönt ein unangenehmes Pfeifen. Die Ursache: Zwischen dem Fernsehlautsprecher(n) und dem Camcorder-Mikrofon (und den jeweiligen Verstärkern) entsteht nämlich ein Übertragungskreis, der sich fortwährend selbst verstärkt. Beste Abhilfe: Den Fernsehton abschalten.

Assemble-Schnitt

So bezeichnet man das Aneinanderfügen von nacheinander aufgenommenen Szenen ohne Bildfehler an den „Schnittstellen".

Audio Dubbing

Die englische Fachbezeichnung für Nachvertonung.

Auflösungsvermögen

Damit wird die Fähigkeit bezeichnet, Einzelheiten im Bild darzustellen. Sie wird angegeben durch die Zahl der Linien oder als Frequenz in Megahertz (MHz).
Die wichtige Angabe hierbei ist die waagerechte (horizontale) Auflösung. Für die Umrechnung von Linien auf Megahertz gilt die Faustregel: Zahl der Linien : 80 ≈ Auflösung in MHz;
MHz x 80 ≈ Auflösung in Linien.

Aufnahmesperre

Verhindert bei Videokassetten die ungewollte Neuaufnahme. Bei den VHS- und VHS-C-Kassetten ist sie eine herauszubrechende Lasche, bei den Video 8-Kassetten ein kleiner Schieber.

Austastlücke

Das Bild auf dem Fernsehbildschirm wird erzeugt von einem Elektronenstrahl, der waagerecht Zeile für Zeile „schreibt", indem er die innen auf der Frontscheibe der Bildröhre aufgebrachten Phosphor-Partikel zum Leuchten anregt. Während des (horizontalen oder vertikalen) Sprungs auf den Anfang der nächsten zu schreibenden Zeile wird dem Elektronenstrahl der größte Teil der Energie entzogen; er wird „ausgetastet", damit er beim Rücksprung nicht „schreiben" kann (was das Bild stören würde). Das nennt man Austastlücke. Sie kann zum Transport von Signalen benutzt werden, die ein entsprechender Decoder erkennt und verarbeitet, zum Beispiel beim Fernsehsender Videotext und beim Camcorder VITC (Vertikal Interval Time Code).

Autofokus

System im Camcorder, das automatisch die Schärfe einstellt. Es funktioniert bei vielen Modellen jedoch nicht im Makro-Bereich, bei zu geringer Beleuchtung und bei Infrarot-Systemen zum Beispiel auch nicht durch Glas hindurch.

AV-Buchse

Buchse zum Anschluß von Bild-/Tonquellen (Videorecorder, Bildplattenspieler, Camcorder). Es gibt unterschiedliche AV-Buchsen: DIN-AV, EURO-AV (auch SCART genannt), Cinch; für S-VHS-, S-VHS-C- und Video Hi8-Geräte wird die Kombination aus S-Buchse für das Bildsignal und Cinch-Buchse (für das Tonsignal) benutzt.

B

Back Light (Compensation)

englischer Ausdruck für den Gegenlicht-Ausgleich.

Bandbreite

A) Breite des im Videorecorder/Camcorder verwendeten Magnetbandes. Bei VHS, VHS-C, Super-VHS, Super-VHS-C, Beta und Video 2000 beträgt sie 1/2 Zoll = 12,65 mm; bei Video 8 und Video Hi8 beträgt sie 8 mm.

B) Der Bereich zwischen der niedrigsten und der höchsten übertragenen, aufgezeichneten und auslesbaren Frequenz. Sie wird angegeben in Hertz (Hz).1 Hertz (Hz) = 1 Schwingung pro Sekunde; 1 Kilohertz (kHz) = 1000 Schwingungen pro Sekunde; 1 Megahertz (MHz) = 1 Million Schwingungen pro Sekunde. (siehe auch „S-VHS" und „Video Hi8")

Bandgeschwindigkeit

Transportgeschwindigkeit des Magnetbandes. Sie beträgt in der PAL/CCIR-Norm standardgemäß bei VHS, S-VHS, VHS-C und S-VHS-C 2,339 cm/s, bei Video 8 und Video Hi8 2,0051 cm/s. (Siehe auch Long Play)

Beleuchtungsstärke

Ihre Maßeinheit ist Lux. Vom Camcorder-Hersteller wird die für die Aufnahme notwendige Mindest-Beleuchtungsstärke (z. B. 7 Lux) angegeben. Viele Hersteller geben auch die „Standard-Beleuchtungsstärke" (z. B. 800 Lux) an, bei der der Camcorder farbtreue und weitgehend rauschfreie Bilder macht.

Blendensteuerung

oft mit der Abkürzung EXP (für englisch „Exposure" = Belichtung) oder AE (Automatic Exposure) bezeichnet; regelt durch Öffnen oder Schließen der Blende die Lichtmenge, die auf den

Bildsensor fällt. Üblich ist die vollautomatische Blendensteuerung, die man aber abschalten kann. Verbesserungen bei der automatischen Blendensteuerung werden erreicht durch Mehrfeld-Messungen und „Fuzzy Logic".

Brennweite

Trifft ein Bündel aus Lichtstrahlen parallel zu deren optischer Achse auf eine (Sammel-) Linse, so wird es nach seinem Austreten im Brennpunkt gesammelt. Der Abstand zwischen Linsenmitte und Brennpunkt ist die Brennweite.
Beim Brennweiten-Vergleich zwischen Camcorder und Fotokamera muß man wegen der anderen Abbildungsverhältnisse die eingestellte Brennweite bei einem Camcorder mit 1/2 Zoll-Chip mit fünf multiplizieren (Faustregel), dann kommt man auf die entsprechende Brennweite bei einer Kleinbild-Fotokamera.

C

CCD

Abkürzung für „Charge Coupled Device", zu deutsch: ladungsgekoppeltes Bauelement, der am häufigsten verwendete Typ von Halbleiter-Bildsensor; wandelt das durchs Objektiv einfallende Licht in elektrische Signale. Entscheidend für das Auflösungsvermögen des Halbleiter-Bildsensors ist die Zahl der Bildpunkte pro Flächeneinheit.

CTL-Spur

Abkürzung für Capstan Tracking Logic, zu deutsch Synchronspur. Längspur entlang der Bandkante, auf die Synchronimpulse zur Steuerung der Videoköpfe bei der Wiedergabe aufgezeichnet werden. In die CTL-Spur kann man auch Time Codes aufzeichnen, die wie Bildnummern beim Film zur Adressierung von Einzelbildern für bildgenaues Schneiden dienen.

D

dB

Das bedeutet ausgeschrieben Dezibel, eine logarithmische Zahl, die für das Verhältnis zwischen zwei Spannungen oder zwei Leistungen steht. Bei Spannungen entsprechen 6 dB einer Verdoppelung, 20 dB dem 10fachen, 40 dB dem 100fachen, 60 dB dem 1000fachen. Ein bei Camcordern häufiger Signal/Rauschabstand von 43 dB entspricht einem Verhältnis von Nutz- zu Störsignal von 101,41 : 1.

Dioptrie-Einstellung

Ein Ring am Sucherokular, mit dem Brillenträger das Bild im Suchermonitor auf die individuelle Sehschärfe einstellen können.

Dropout

Bei der Wiedergabe von Videos erscheinen „Blitzer" im Bild bzw. knackt der Ton; verursacht wird dies durch kurzzeitiges Ausfallen des Nutzsignals. Die Ursache: Fehler in der Magnetschicht oder auf der Magnetschicht haftende Verunreinigungen.

DEW

deutsch Feuchtigkeit, Tau; Anlagerung von Feuchtigkeit an die Camcorder-Mechanik, verursacht durch extrem hohe Luftfeuchtigkeit bzw. durch Kondensation (rascher Übergang von Kälte zu Wärme). Der Camcorder zeigt DEW an und schaltet ab, bis die Feuchtigkeit getrocknet ist, denn sonst würde das Magnetband an der rotierenden Kopftrommel festkleben und zerreißen.

Edit-Buchse

dient zum Anschluß einer Steuerleitung zwischen Camcorder und Videorecorder oder zwischen zwei Videorecordern. Beim Starten der Wiedergabe an einem Gerät wird zugleich auch die Aufnahmefunktion bei dem anderen gestartet.

Editing

Diese Bezeichnung wird für den elektronischen Schnitt von Videoaufnahmen verwendet. Dazu braucht man stets ein Wiedergabegerät („Player") und ein Aufnahmegerät („Recorder").

Edit Search

Eine Einrichtung am Camcorder, mit der man, sogar ohne den Aufnahme-Modus zu verlassen, eine bestimmte Stelle der vorigen Aufnahme suchen kann, an die dann eine neue Aufnahme angefügt werden soll.

Einstellung

Durchgehende, nicht unterbrochene Film- bzw. Video-Aufnahme. Elektronischer Hochgeschwindigkeitsverschluß, englisch: High Speed Shutter, erlaubt die scharfe Abbildung bewegter Objekte bzw. verhindert die Bewegungsunschärfe bei Schwenks.

EURO-AV-Anschluß (auch SCART genannt)

21-poliger Anschluß zwischen Fernseh- und Videogeräten als Bild- und Tonleitung. Einige Hersteller bauen auch Euro-AV-Buchsen für S-VHS-,S-VHS-C- und Video-Hi8-Camcordern ein.

Fade

ist der englische Fachausdruck für die Auf- und Abblendung von Bild und (häufig auch) Ton.

Farbtemperatur

Maßeinheit „Kelvin". Verteilung der Farbanteile im Licht. Tageslicht am Mittag hat einen größeren Blauanteil, der Abendsonnenschein einen größeren Rotanteil. Künstliche Lichtquellen haben wiederum spezifische Farbtemperaturen. Definiert werden Farbtemperaturen am Licht, das ein erhitzter Metallblock abstrahlt („je heißer, je blauer"), daher der Name Farbtemperatur.

Flying Erase Head („fliegender Löschkopf")

Löschkopf, der wie die Videoköpfe auf die rotierende Kopftrommel montiert ist. Während ein starrer Löschkopf quer über das ganze Band und damit Signale über mehrere Schrägspuren weglöscht, löscht der bewegte Löschkopf nur die jeweils gewünschten Schrägspuren. An den „Schnittstellen" gibt es keine Bildfehler. Nur mit „fliegendem Löschkopf" ist Insertschnitt möglich.

Fuzzy Logic

Ein Funktionsprinzip aus der Computer-Technologie. Während Logikschaltungen bisher nur die Zustände „Ja" und „Nein" kennen, ermöglicht „Fuzzy Logic" die Steuerung von elektronischen Schaltungen auch mit einer „unbestimmteren" (fuzzy) Befehlsgebung. Ein „Fuzzy Logic"-Schaltkreis kann mit Begriffen wie „ein wenig" oder „vielleicht" arbeiten. Bei Camcordern wird sie – gemeinsam mit der Mehrfeldmessung – in Automatiken für die Schärfe, die Blendensteuerung und den Weißabgleich eingesetzt, damit diese mehr entsprechend der menschlichen Sehweise funktionieren („Human Eye Logic").

Gegenlicht-Korrektur

erfolgt automatisch oder durch Antippen der entsprechenden Taste (meist mit „Back Light" beschriftet); dabei öffnet sich die

Blende um etwa einen Wert. Sinn: Objekte im Gegenlicht oder vor hellem Hintergrund werden so nicht zur schwarzen Silhouette, sondern bekommen wieder Zeichnung.

H

Halbbild

(Siehe auch Austastlücke): In der CCIR/PAL-Fernsehnorm werden pro Sekunde 50 zeilenweise ineinander verschachtelte Halbbilder geschrieben (Zeilen 1, 3, 5 und so fort, dann die Zeilen 2, 4, 6 usf.). Sie ergeben insgesamt 25 Vollbilder pro Sekunde. Die Bild-/Tonsignale für ein Halbbild sind in einer Videospur enthalten, zwei Spuren ergeben also ein Vollbild.

Hf-Modulator

(Hochfrequenz-Modulator, im Englischen „RF-Unit") Er dient zum Anschließen des Camcorders an die Antennenbuchse des Fernsehgeräts bzw. des Heim-Videorecorders, und wird meist mitgeliefert.
Das Audio-/Videosignal des Camcorders wird so umgewandelt, daß es wie ein Signal vom Fernsehsender „aussieht", und in den UHF-Bereich (Kanäle 30 bis 40) angehoben.

Hi8

System in hochwertigen Camcordern. Durch einen beim Helligkeits- (Luminanz-) signal deutlich vergrößerten Frequenzhub und separate Verarbeitung von Helligkeits- und Farbsignal, verbunden mit speziellem Magnetband (siehe ME), amorphen Videoköpfen, wird folgendes erreicht:
Die Auflösung steigt auf mehr als 400 Linien. Bildfehler durch Übersprechen („Crossover") werden vermindert. Das Störsignal („Rauschen") wird trotz höherer Auflösung nicht größer, sondern eher geringer.
Zur optimalen Wiedergabe von Hi8-Aufnahmen muß der Hi8-Camcorder an ein Farbfernsehgerät mit S-Buchse (auch Hosiden- oder Y/C-Buchse genannt) angeschlossen werden.

HQ

Abkürzung für „High Quality"; Schaltung in VHS- und VHS-C-Geräten, 1. zur Verminderung des Störsignals („Rauschens") im Bild, und 2. für bessere Kantenschärfe im Bild, besonders bei Dunkel/Hell-Übergängen.

Insert-Schnitt

bezeichnet das Einfügen einer neuen Szene in eine bereits aufgenommene ohne Bildfehler an den „Schnittstellen".

Jitter

zu deutsch etwa: Zittern, Schwingung; mechanische Schwingungen des Magnetbandes beim Umlaufen der Kopftrommel im Videorecorder/Camcorder; erzeugt im Bild unscharfe senkrechte Kanten und im Ton bei Längsspuraufzeichnung Rauhigkeit.

Kompatibilität

(zu deutsch etwa „Verträglichkeit") Das „Zusammenpassen" im mechanischen, elektronischen und/oder im Software-Sinn.-Probleme gibt's häufig wegen der unterschiedlichen Stecker- und Buchsennormen. Keine Probleme gibt es beim Verbinden von Camcordern, Videorecordern und Fernsehgeräten über die Antennenbuchse, wenn die Geräte nach derselben Fernsehnorm arbeiten. Allerdings wird bei S-VHS, S-VHS-C und Hi8 die optimale Bildqualität nur über die „S-Buchse" (auch Y/C- oder Hosiden-Buchse genannt) erreicht. Eine VHS-Kassette paßt nicht in einen VHS-C-Camcorder, aber eine VHS-C-Kassette mit Adapter-Kassette (s. o.) paßt funktionierend in einen VHS-Recorder.
Video-8-Kassetten können nur in Video-8-Camcordern/˘-Videorecordern abgespielt werden; sie passen von den Abmessungen her in kein anderes System, und das Aufzeichnungs-Format ist anders. Zur Kompatibilität von – einerseits – Super-VHS und Video Hi8 – andererseits – siehe die entsprechenden Artikel.
Zwischen den Farbfernseh-Normen PAL einerseits und SECAM Ost bzw. West andererseits gibt es wenig Probleme; die meisten der bei uns verkauften Farbfernseher und Videorecorder können beide Normen empfangen und verarbeiten.
Das Angebot an Multi-Standard-Farbfernsehgeräten, mit denen sämtliche gebräuchlichen Fernseh-Normen empfangen werden können, steigt ständig.
Video-Kassetten, die in NTSC bespielt wurden, kann man mit einem PAL-Videorecorder nicht wiedergeben. Es gibt allerdings Multi-Standard-Heim-Videorecorder mit Normwandlung (cirka 5000 Mark). Wer häufiger NTSC-Kassetten sehen möchte, kann sich einen NTSC-Heimrecorder beschaffen und ihn an einen Multi-Standard-Farbfernseher anschließen.

L

LCD

Abkürzung für englisch Liquid Crystal Display, deutsch Flüssigkristall-Anzeige. Wird beim Camcorder als zusätzliches Anzeigefeld benützt. Seit neuester Zeit gibt es an Camcordern auch schon LCD-Farbmonitore.

Long Play (LP)

Betriebsart, in der die Bandgeschwindigkeit halbiert und so die Spielzeit der eingelegten Kassette verdoppelt wird. Findet sich bei vielen Camcordern und Heim-Videorecordern. Bei bespielten Kassetten erkennt das Gerät automatisch den jeweils benutzten Modus; wenn das Gerät über den Long-Play-Modus verfügt, schaltet es automatisch auf die jeweilige Betriebsart um. Wenn nicht, kann man im Long-Play-Modus bespielte Kassetten nicht wiedergeben. Bei LP nimmt die Bildqualität ab (mehr „Rauschen" im Bild); bei S-VHS-, S-VHS-C- und Hi8-Camcordern ist die Qualitätsminderung jedoch gering. Sonderwiedergabearten wie Stehbild, Einzelbild-Fortschaltung, Zeitlupe und Bildsuchlauf zeigen im LP-Modus ein schlechteres Bild oder sind gar nicht mehr möglich. Die Tonqualität verschlechtert sich beim Long Play-Betrieb nur, wenn der Ton (ausschließlich) auf die Längsspur aufgezeichnet wird.

M

Makro-Einstellung

Erlaubt die bildfüllende Aufnahme von sehr kleinen Objekten. Der Beginn des Makro-Bereichs ab Frontlinse ist unterschiedlich. Autofokus-Systeme funktionieren im Makro-Bereich nicht bei allen Camcorder-Modellen. Bei Tele-Makro arbeitet man zur Großaufnahme kleiner Objekte mit einer Telebrennweite.

ME-Band

Dies ist eine Abkürzung für „Metal Evaporated": Bandmaterial für das System Video Hi8, bei dem Rein-Metall-Partikel im Hochvakuum auf die Trägerfolie aufgedampft werden.

Nachvertonung

(englisch „Audio Dubbing") Nachträgliches Unterlegen von Musik, Geräuschen oder auch Kommentar unter Videoaufnahmen. Das ist im Camcorder direkt möglich, wenn der Ton (auch) auf Längsspur (wie bei VHS, VHS-C, S-VHS und S-VHS-C) oder auf

PCM-Spuren (hochwertige Video 8- und Video Hi8-Camcorder) aufgezeichnet wird und die „Audio Dub-" Schaltung eingebaut ist. Ansonsten ist die Nachvertonung nur durch Überspielen auf einen zweiten Videorecorder möglich.

R

REC.REV

Abkürzung für (englisch) Recording Review. In der Betriebsart „Aufnahme/Pause" werden die letzten zwei bis drei Sekunden der vorangegangenen Aufnahme noch einmal vorgeführt.

S

Schrägspur-Aufzeichnung

Alle Heim-Videorecorder und Camcorder und viele professionelle Bildaufzeichnungs-Geräte zeichnen das Bildsignal (und häufig auch das Tonsignal, dann in HiFi-Qualität) schräg zur Bandlaufrichtung auf, mit zwei oder mehr Videoköpfen auf einer rotierenden Scheibe oder Trommel, um die das Magnetband um 180° oder mehr herumgeschlungen wird.

Smear-Effekt

Scheint eine punktförmige Lichtquelle ins Objektiv, so erzeugt sie im Bild einen senkrechten Farb-Streifen. Ursache: Die vom Strahl der Lichtquelle erreichten „Pixel" (siehe CCD) auf dem Bildsensor werden überladen. Bei der neuesten Generation von Camcordern tritt der Smear-Effekt so reduziert auf, daß man ihn fast vollkommen vernachlässigen kann.

Standard Play

Eine Betriebsart mit der in der entsprechenden Norm festgelegten Bandgeschwindigkeit und Videospur-Breite.

Super Impose

(zu deutsch etwa: Einblendung) Feature bei hochwertigen Camcordern. Arbeitsweise: Vor den eigentlichen Aufnahmen nimmt man ein Stehbild auf, z. B. eine Titelgrafik. Sie wird im Camcorder digital gespeichert und später beim Videofilmen an beliebiger Stelle in das laufende Bild eingeblendet.

Super-VHS (abgekürzt S-VHS)

1988 bei uns eingeführtes System im VHS- und VHS-C-Format. Durch technische Veränderungen wie

– vergrößerten Frequenzhub beim Helligkeits- (Luminanz-) signal (von 1 MHz auf 1,6 MHz),
– durch Verschiebung des Leuchtdichte-Signals in den Bereich von 5,4 MHz – 7 MHz (Standard-VHS: 3,4 – 4,4 MHz),
– durch ein verbessertes Bandmaterial („S-Kassetten"),
– neuartige Videoköpfe (aus sogenanntem amorphem Material)
– durch eine neuartige Signalverarbeitung (getrennte Verarbeitung von Helligkeits- und Farbsignal)

ergeben sich folgende Verbesserungen:

– die Auflösung steigt auf rund 400 Linien
– Bildfehler durch Übersprechen werden vermindert.

Zur optimalen Wiedergabe von S-VHS- und S-VHS-C-Aufnahmen muß der dazu taugliche Camcorder an ein Farbfernsehgerät angeschlossen werden, das mit S- (oder Hosiden- oder Y/C-) Buchse ausgestattet ist.

S-VHS bzw. S-VHS-C verträgt sich mit dem bisherigen VHS folgendermaßen:

– Bespielte VHS-Kassetten können in S-VHS-Recordern wiedergegeben werden (automatische Umschaltung)
– S-VHS-Geräte sind umschaltbar für Aufnahmen im VHS-Standard (automatische Umschaltung)
– S-VHS-Kassetten können im VHS-Standard bespielt werden.

Was nicht funktioniert: Die Wiedergabe von im S-VHS-Standard bespielten Kassetten auf einem Normal-VHS-Gerät; hierbei treten so enorme Bildfehler auf, daß man kaum noch erkennt, was man aufgenommen hat.

Synchronimpulse

steuern den Schreibstrahl im Fernsehgerät (siehe Halbbild). Werden vom Fernsehsender geliefert. Der Heim-Videorecorder bzw. Camcorder zeichnet die Synchronimpulse auf eine besondere Synchronspur – CTL-Spur – auf.

T

Timecode

Signal zur Adressierung der Videobilder. Siehe auch VITC.

Tonaufzeichnung

Alle Camcorder zeichnen den Originalton synchron zum jeweiligen Bild auf. Bei der analogen Tonaufzeichnung gibt es prinzipiell unterschiedliche Arten:

– mit starrem Tonkopf auf der Längsspur der Bandkante;
– mit einem auf der rotierenden Kopftrommel befestigten, bewegten Tonkopf auf denselben Schrägspuren, auf denen auch das Bildsignal aufgezeichnet wird.

Die digitale Tonaufzeichnung wird zur Zeit nur bei hochwertigen Video 8-Camcordern und bei Video Hi-8-Camcordern verwendet, und zwar ebenfalls mit rotierenden Köpfen auf separaten Abschnitten der Schrägspuren.
Alle drei Verfahren sind prinzipiell mono- und stereo-tauglich.
Die Tonqualität bei der Längsspuraufzeichnung ist gering. Das Längsspur-Verfahren wird bei VHS-Geräten wegen der Kompatibilität immer auch benutzt, selbst wenn das Gerät über Schrägspur-Tonaufzeichnung verfügt.
Beim Schrägspur-Verfahren wird die HiFi-Norm noch übertroffen. Es wird dabei ein Frequenzgang von 20 bis 20.000 Hz fast ohne Abfall erreicht.
Video 8-Camcorder benutzen prinzipiell die Tonaufzeichnung mit bewegtem Tonkopf auf Schrägspur; bei hochwertigen Video 8-Camcordern ist Stereo-Aufzeichnung üblich. Eine Längsspur-Tonaufzeichnung gibt es bei Video 8 nicht.
Bei reiner Schrägspuraufzeichnung kann nicht im Camcorder direkt nachvertont werden, da Ton- und Bildsignale untrennbar miteinander verbunden sind.
Bei sehr hochwertigen Video 8-Camcordern wird der Ton gleichzeitig analog auf Schrägspuren und digital – auf separate Spuren – aufgezeichnet.
Die Digital-Aufzeichnung erreicht nahezu Compact-Disc-Qualität. Eine nachträgliche Vertonung auf den Digital-Spuren ist möglich.

VITC

ausgeschrieben Vertical Interval Time Code, zu deutsch: Zeitcodierung in der vertikalen Austastlücke. Es erlaubt, Videofilme bildgenau zu schneiden. Bei VITC wird die Information in die vertikale Austastlücke des Videobildes geschrieben. (siehe „Austastlücke", „Halbbild" und „Time Code")

Weißabgleich

Der Weißabgleich (englisch wird er White Balance, abgekürzt WB, genannt) ist notwendig für natürliche Farben im Bild. Der

Weißabgleich wird bei Camcordern vollautomatisch geregelt, kann aber ebenso auch von Hand vorgenommen werden. (siehe auch „Farbtemperatur")

Z

Zeilensprungverfahren

soll für die Wiedergabe auf dem Fernsehschirm das Flimmern gering halten. Das funktioniert, indem das Fernsehbild in zwei Halbbilder geteilt wird, bei denen zuerst die geraden, dann die ungeraden Zeilen beschrieben werden. Die Bildwechselfrequenz verdoppelt sich dadurch.

Zoom

(zu deutsch Vario-Optik oder „Gummilinse"): Objektiv mit stufenlos verstellbarer Brennweite. Typisch sind 6fach-Zoomobjektive (kürzeste Brennweite x 6 = längste Brennweite); es gibt auch 8fach-, 10fach- und 12fach-Zoomobjektive. Die Brennweiten-Verstellung geschieht per Motorantrieb durch Antippen der entsprechenden Zoom-Taste oder von Hand mit dem Zoomhebel.

Zwischenschnitt

Mit einem Zwischenschnitt werden Einstellungen gezeigt, die die Handlung zusätzlich erklären sollen. Zum Beispiel Orte, von denen die in der Filmhandlung gerade auftretenden Personen sprechen.